U0023058

這才是馬雲

助理告訴你最真實的馬雲

馬雲助理親撰，
馬雲親自作序並認可的唯一傳記
呈現你不知道的「千面馬雲」

陳偉◎著

馬雲推薦序

　　我和太太還有幾個朋友去馬爾地夫度假，臨走前我的助理陳偉說有文章會發給我，空閒的時候看看。

　　我以為跟從前一樣是一些收集來的笑話，直到我在馬爾地夫看到郵件。

　　我沒想到那麼久以前的事他能記得這麼清楚，那些往事和細節，一隻腳都已經跨出了我記憶的邊緣，現在又集中起來「重播」了一遍，讓我想起很多過去的美好時光。

　　每次去機場我都很忐忑，因為時不時又會冒出一本關於我的書。其實沒有一本書是我寫的，常會有人在機場買一本書讓我簽名，我很為難，因為很多時候我和他（她）一樣都是第一次看到這本書，也不清楚裡面寫了些什麼。

　　陳偉發給我的大多是從前一些有趣的事，最主要的一點是，他輕鬆、幽默和娛樂的筆墨，讓人很容易往下看。

2011. 2.18

自 序

仰視這個世界，你會覺得人和人之間差別太大。俯視這個世界，往前看，你我都是億萬年生物演化的同一個輝煌終點；往後看，你我最多是生物繼續演變跳不過去的一環——而已。

我個人以為，人生意義的主體就是「吹牛」。一個人從默默無聞到功成名就的過程，其實就是一個不斷換人「吹牛」的過程。

學習和思考改變「吹牛」的內容，奮鬥改變「吹牛」的對象。

做職員時跟職員吹，做經理時跟經理吹，做領袖時跟領袖吹，不同的人生就這點區別。

培根曾經說過：「知識就是力量。」地球人都知道，可是後半句知道的人不多：「而大多的知識是拿來炫耀的。」也就是說是用來「吹牛」的。

想一想很容易明白，你搭個狗窩用過畢氏定理嗎？你扔塊石頭算過拋物線嗎？你炒菜放鹽時查過莫耳量嗎？回答都是否定的。就算是發射衛星的數萬名科學家，每人能用上的也就是那麼一小點專業的知識。

世界上只有兩種人是快樂的，「喜歡吹牛的」和「喜歡聽人吹牛的」。

不「吹牛」的人是痛苦的，即使他有很高的成就，比如米開朗基羅；能「吹牛」而內心不愛「吹牛」的人也是痛苦的，比如叔本華；愛「吹牛」能吹好「牛」也愛聽別人「吹牛」的人是

最快樂的，比如馬總。

馬總有一回從工地旁邊經過，裡面突然爆發出純真的大笑聲，馬總無比羨慕地說：「聽！工人們吹牛吹得多開心。」

我說：「也許他們剛剛吹牛的話題正是：假如我是馬雲，我就每天……」

米蘭・昆德拉說過：「人總是生活在別處」。

馬總在最近的一次淘寶年會上說：「作為CEO，我的工作只能是講講話，吹吹『牛』了，你們要容忍這樣一位CEO。每次『吹牛』聽上去總是那樣『不可能』，而你們——阿里人每次都完成得比『不可能』更『不可能』，我們一直配合得很好……」

大約兩千一百年前，漢武帝劉徹看了《史記》後，對司馬遷說：「你寫的是正史嗎？你以為你真的看懂朕了嗎？已經發生的，和沒有發生的……」

我以為，歷史的本質是一首思想的旋律，而所有記載的資料就像散落一地的黑白鋼琴鍵，每個人都只能根據這些鍵去猜想旋律。

每年都有國際著名大學的人來阿里巴巴集團做研究、寫案例，案例報告完成後都會讓馬總過目簽字。馬總總是質疑：「你們寫的是阿里巴巴嗎？這不是阿里巴巴！」

「你不懂！這就是阿里巴巴！」學者們說。

「好吧，那就算是阿里巴巴吧！」不知馬總是反思自己，還是不想跟學者們去辯駁。

「當年沒有跟eBay合作，」有一次馬總說，「外界猜想很多。其實原因只有我自己知道，我見到eBay團隊的某某就莫名其妙地不爽，而我對那位女CEO還是挺欽佩的。」但為什麼會莫

名其妙地不爽，馬總自己也沒有合理的解釋！

正如叔本華說的：「我們可以做我們想做的，但我們無法想我們所想的。」

有一種細菌很想飛，可是又沒有翅膀，於是它潛入青蛙產的卵裡。由於細菌的侵入，孵出的蝌蚪和青蛙都是殘疾的，很容易被老鷹吃掉，於是細菌如願以償地感受到了飛翔！

我不是老鷹，我是飛翔著的細菌。

助理是一份特殊的職業，不同的助理也有天壤之別。

國家部委領導的助理有的是副部級幹部，而有些娛樂明星的助理就是生活小保姆。

企業家的助理有的是秘書、有的是顧問、有的是保鑣……

而我啥也不是。我認識張紀中老師和馬總都已經十多年了，也分別做過兩位的助理。每當別人問起我的主要工作，我總是老半天都答不上來，在張紀中老師那裡是如此，在馬總這裡還是如此。遇見比較熟的人，我會開玩笑地說我是一個「御用閒人」。

我永遠不會說我瞭解他們，只是在這裡記錄了一些我親身經歷的名人凡事，也不知這些黑白鍵能否讓你更接近旋律本身。

另外，書裡有一小部分「八卦」，表面上看來跟馬總沒有多大關係，但我的人生軌跡都是因為馬總「肆意篡改」才變成現在這樣的，所以也算跟他有關。偶爾「跑題」希望能得到你的諒解。

目　錄

第一章
馬雲和他的英語班

　　我是在1992年初認識馬總的，屈指算來，我們已經有近二十年的交情了。最早我的身分是馬總的學生——我在他開辦的英語夜校上課。幾年過去後，大家在一起混得很熟，成了朋友，儘管我的英語大多已經「還」給了馬總。

　　每每回想起在英語夜校的生活，我都感覺十分溫馨和快樂。那時候的許多人和事都成為人生中最美好的記憶，當時的很多同學至今仍是很要好的朋友。更讓我想不到的是，我的後半生竟然在當年這個小小的決定中，不知不覺發生了改變：在夜校，我和老師馬雲、張英夫婦成為了好友，進而結識了來夜校探訪的中央電視臺編導樊馨蔓，以及樊導的丈夫張紀中先生，乃至後來我因緣際會中先後成為張紀中先生和馬總的助理！回首往事，不由得感嘆，人生往往就是這麼奇妙，你當下一個不經意的行為很有可能成為轉變人生的機遇。

遲到的老師

　　1992年的春天，我大學畢業三年多，住在宿舍。晚上沒什麼事做，聽說杭州解放路基督教青年會裡有個英語夜校班，每週上一至兩次的課。反正閒著也是閒著，於是我就報名參加了。擔心可能會有入學面試什麼的，我還把大學英語課本翻出來讀了一天，結果去了一看，什麼考試也沒有，就通知我上課了。

　　第一天上課，我提前到教室認識新同學，同學中有想出國留學的高中生、有在校大學生、有工廠裡的工人……而大多是像我一樣大學畢業剛工作不久的。

　　上課鈴響了，同學們自己選位子坐下。可是講臺上空空如

也，老師沒有到。五、六分鐘後教室裡開始騷動起來，左顧右盼的越來越多。有人開始建議派人去問問，是不是換教室了。

就在這時，突然見一男子衝上講臺，人長得瘦小也很特別，沒站穩就開講：「今天我們討論的題目是『遲到』。我最討厭遲到，遲到就是對別人的不尊重，從某種意義上說遲到就是謀財害命……」，這時同學們都會心地笑了，老師用一種詼諧自嘲的方法向同學們表示了歉意，這位老師就是馬雲。

馬總當時是杭州電子工業學院（現為杭州電子科技大學）的英語教師。他和妻子張英原是杭州師範學院英語系的同學，之後又分配到了杭州電子工業學院的同一個英語教研室。杭州電子工業學院在杭州大學中排名很後面，但馬總夫婦卻都是杭州大學的「十佳英語教師」。

開場白結束進入講課的正題後，我們才發覺這個老師的英語課和想像中的完全不一樣。以往我們上英語課時，大多是老師帶領大家抱著課本按部就班地背單詞、分析課文、講解語法等等，一堂課下來，學生大多聽得暈頭轉向，不知所云。而馬總則不同，他講課時往往拋開書本，很少講解語法和詞句，更注重和大家的口語交流；並且常從新聞中找吸引人的話題來進行課堂討論，再配以幽默風趣的語言和誇張的肢體動作，大大提升了我們這幫「啞巴榮鳥」學習的積極性。於是，我們常常在笑聲中不知不覺就學會了幾句口語。

馬總每次講課時都會出一個主題，讓同學們選擇一方的觀點，而把剩下「無理」的那一方觀點由他一個人代表，與所有同學展開辯論。記得同學中有幾個是從事醫藥工作，所以有一堂課我們的主題是「commission」，爭論醫藥佣金（回扣）問題。我

們選的是「反對」方的觀點，所以馬總就只能選「支持」方。誰知辯論下來，我們大敗。

辯論結束後馬總點評說，其實他也很反對醫藥佣金，但他告訴我們，「假如剛才你們這樣這樣說，那我就會tough（艱難）很多……」

儘管同學中也有口才不錯的，但在我的記憶裡，沒有一次是我們勝過馬總的。因為馬總的英語口語比我們好太多，而且他看問題的角度也很特別，他是「另眼看世界」。

「馬關條約」

1995年，在杭州西湖上舉辦國際摩托艇大獎賽，兩百多名杭州美女報名爭做司儀。當時馬總的英語口語在杭州已小有名氣，所以主辦方請他幫忙培訓這些美女的英語口語，並最終錄取五十名。那段時間，馬總要兼顧學校本職工作、夜校的教學和培訓這些美女三項工作，忙得腳不沾地，走路都帶著風。但他從不向我們抱怨累，反而常常神采飛揚地對我們炫耀給「美女班」上課的故事：「……你們想啊，兩百多雙杭州最漂亮的眼睛向我眨個不停，搞得我上課都有些緊張……」

這時，男同學就會無比羨慕地說：「親愛的馬老師，如果哪天您老人家覺得太累了，弟子十分願意爲您分擔工作……」

馬總則乾脆地回答：「想都不用想，再累我都會堅持的！」

由於美女們能否順利得到「司儀」的工作，「生殺」大權全都掌握在馬總的手中，所以我們常說：「英雄難過美人關，美

人難過馬雲關。」這就是當時英語班所說的「馬關條約」（當然，這裡的「馬關條約」不是指清朝時期簽訂的那個喪權辱國的《馬關條約》，絕沒有戲侃國恥的意思）。

有時，我們會問馬總：「您是根據什麼標準選定司儀的？身材、相貌還是英語口語水準？」

馬總就會開玩笑地回答：「都不對！快過節了，我主要是看誰給我家送火腿。」

當時在西湖邊的六公園裡有一個「英語角」，每週日上午有興趣的人都會自發前往，練習英語對話，於是，我們同學就三五成群地趕去湊熱鬧。上午在「英語角」逛逛，用英語侃侃「大山」，順便商量著安排下午的遊玩活動，一舉兩得。

馬總也常去「英語角」，後來他發現許多人學英語的熱情很高，一週一次的「英語角」不夠，就帶領我們在少年宮門口的廣場上也辦了一個「英語角」，每週三的晚上都有活動。一來二去，來參加的人越來越多，形成了說英語的強大「氣場」。再加上活動時間是在晚上，誰說得好說得壞，都看不清相貌，使得大家說英語的膽子更大了。一到週三晚上，英語角裡就分外熱鬧，各種帶著語病的「中國式」英語夾雜著漢語齊飛，不管自己說的英語對方能不能聽懂，只是連說帶比劃地使勁表達著自己的興奮。

看到這種景象，馬總嘿嘿直樂：「這個主意不錯吧，講英語時看不清對方，膽子就是大！」

侃完英語，大家還能進少年宮裡玩樂一番，和小孩們一起玩玩遊樂設施。大家開心得不得了，好似回到了童年。少年宮「英語角」紅極一時，一直到冬天戶外太冷了才停辦。

課堂之外

　　由於我和馬總住得比較近，所以下課經常一起回家。馬總當時騎著一輛杭城第一代的電動自行車，發出的聲音跟拖拉機很像，但又不快，給人一種雷聲大雨點小的感覺。他第一天上課遲到，就是因為「拖拉機」壞在了路上。

　　那幾年的時光是非常美好的回憶，除了學習英語以外，同學們還經常聚在一起喝茶、打牌、講段子⋯⋯

　　在講段子方面，我的「成績」還算「名列前茅」。有時候別的同學講不好，馬總就會打斷他：「把你的『毛坯』告訴陳偉，讓他『鍛造』一下再講給大家聽好不好？」當年有很多故事，比如「屠夫遇美婦」之類的段子，至今同學們見面還會提

馬總帶部分同學去大奇山

起。

　　1992年夏天，班上一位漂亮的女同學王丹，上課沒多久就要隨夫君去澳洲定居了，大家都很不捨。那時的澳洲在我們看來，跟月亮一樣遠，只有馬總去過，而且也是馬總唯一去過的外國。馬總約大家去富陽新沙島游泳和遊玩，算是為這位女同學送行。

　　馬總一歲的兒子也一同去了。大家游泳時，馬總把兒子交給了最健壯、最會游泳的阿興同學看管。等大家都下水之後，阿興同學把馬總的兒子抱在懷裡，走到淺水的地方。小孩子想掙脫大人，阿興問：「你想自己游嗎？」小孩子點點頭，於是阿興就把他放進水裡。

　　一歲的小孩怎麼會游泳？阿興放手後他馬上就沉了下去，不巧一個浪又剛好打來，小孩子不見了！幸虧水不深，大家又都在附近，趕緊一陣亂摸把孩子撈起。雖然前後不過十秒鐘左右的時間，可是孩子被撈起來後還是咳了半天的水。

　　馬總的兒子現在已是身高182公分的小夥子，每次提到阿興叔叔，想到的第一件事就是這個。

　　英語班師生間的情誼很深，同學們即使到了國外，也都會把聯繫的方式告訴馬總。2007年春節我和張紀中去澳洲，馬總說方便的話可以去看看王丹，並把她在布里斯班的地址發給了我。但我沒有去，因為美女是最經不起歲月「蹂躪」的，留在記憶中更好些。我認為跟美女經常見面，看著她們的美麗一點一點地被時光「蠶食」，還可以接受。而隔了十幾年突然再見，美好的記憶突然破碎的痛苦我已不願再領教。

　　馬總當年還特別熱衷給人牽線搭橋，最有意思的是我們同

圖中舉手的是作者

學中的一對。男的很健壯，但鄉音很重，說的中文和英文裡都有很濃的紹興口音，平時喜歡打打牌，不是特別上進的那種。而女方則是追求浪漫、追求完美、希望婚禮應該去巴黎舉辦的那種人。我們當初都認爲他們倆不適合。但當男方告訴馬總他喜歡女方時，馬總馬上同意出謀劃策去幫他。馬總的威信和超強的說服力終於說服了女同學。後來他們結婚生了兒子，生日是9月3日，碰巧那天金庸在杭州，馬總特地請他幫孩子取個名字。金大俠根據生日給孩子取名「三旭」。有了這個名字，誰也不會忘了他的生日。

　　老天爺比我們想像得更幽默，大家都不看好的一對在馬總的撮合下結成了夫妻，而英語班兩對「模範夫妻」卻悄悄散夥了，弄得同學們都驚愕不已。

　　其中一對，女方是我們同學，漂亮又豪爽。她家裡房間比

較多，經常邀請大家去她家打牌、下圍棋。女同學懷孕了，預產期是2月14日情人節。馬總說這個日子生，一定是個小情種。因為男方姓楊，所以他說如果生女兒就叫「楊玉環」，不小心是男的那就叫「楊國忠」算了。

　　結果女同學果然在2月14日生了個男孩，先通知了我，我跑去馬總家告訴他們。由於我表現得異常興奮，馬總的岳母就說：「陳偉這個人真滑稽，好像是他生兒子一樣。」

　　馬總也很高興，說：「那我們去看看『國忠』吧！」

　　後來這對大家眼裡的模範夫妻莫名其妙地離婚了，女同學「瀟灑」地扔下大小兩個男人去了國外。可是我們依舊去她原先的家打牌、下棋，因為這時她的前夫已經成了我們的好朋友。

　　有好幾年的歲末，同學們都會在他家打牌、聊天到凌晨，我們調侃說：「我們每年都是打牌開始，打牌結束。」

　　還有一位女同學，是美女加淑女，工作是馬總幫助介紹的。在一堂課上，她用英語講了她的戀愛故事，跟童話一樣。她說她討厭相親，有一次外婆「騙」她去吃飯，其實又是去相親，結果遇見了「白馬王子」。她說她感謝外婆，感謝這次「欺騙」，說得大家都羨慕不已。後來，她也請大家去她家吃飯，丈夫很帥，而且溫文爾雅，結果不久卻也莫名其妙地離婚了。

　　離婚後她就沒有再來英語班上課，十六年後又一次見到她。還好，依然「淑」，說話很慢，矜持有度。

依然存活的海博翻譯社

有一年，杭州所有的廣播電臺都改成了直播，聽眾可以call in並可能拿大獎。一時間隨身聽大賣，電臺收聽率節節攀升。其中有個很熱門的節目叫作「外來風」，專門介紹國外流行歌曲，馬總被邀請做客串主持，很多杭州人都是從聽這個節目開始才慢慢地瞭解並喜歡英文歌曲的。

馬總還學過一段時間的日語，我們問他日語學得怎樣，他會馬上背誦很長一段。你聽著確實很像日語，問他啥意思，馬總說這是他編的，連他自己也不知是什麼意思。逗你玩呢！

隨著改革開放的深入，社會上翻譯外文資料的需求越來越大。這時，馬總發現許多身邊的同事和退休的老教師都閒在家裡，於是就產生了一個念頭：「我能不能在杭州成立一個專業的翻譯機構呢？這樣一來，既能減輕自己的負擔，也能讓那些老師賺點外快貼補家用，一舉兩得。」

1994年1月，馬總利用青年會沿馬路的兩間房辦起了「海博翻譯社」，「海博」是英文「希望」的音譯。馬總解釋說：「大海一般博大的希望，這個名字不錯吧！」

翻譯社成立時，雖然只有少數幾個同學入股參與運營，但全體同學都積極對外宣傳。記得開張那天，同學們還拉著橫幅去武林廣場做宣傳。

當時，翻譯社的員工只有馬總和幾個從杭州電子工業學院退休的老教師。馬總的主業還是教書，只能用課餘時間打理翻譯社。然而，創業初期，他們的付出與回報是不成正比的。不管馬

總再怎麼努力，我們再怎麼幫馬總在校內外做宣傳，依舊改變不了翻譯社生意慘澹的命運。但馬總一直堅持著。

因爲房子沿街，翻譯社還兼賣過鮮花和生日禮物。爲了進貨，馬總在假日還帶隊去過義烏小商品市場採購禮品，放在店裡賣。到1995年，海博翻譯社的生意漸漸好起來了，而那時候馬總已經把重心轉到做互聯網（網際網路）上，就把翻譯社送給其中一個入了股的學生。

翻譯社至今還在老地方開著，門面也沒有擴大，但現在幾乎所有的語種都能翻譯，常譯的語種就有二十多個。如今，我們登入海博翻譯社的網站時，首先就能看到這樣的四個大字：「永不放棄」。這四個字，是馬總當年親筆題寫的。

馬氏英語班之G的故事

英語班名氣越來越大，學生也五花八門。有殘疾人士坐輪椅來的，有電視臺主持人帶媽媽一起來的，也有奶奶和孫女一起來上課的。Grandma就是當時的學生明星，沒有人知道她真名叫什麼，我見到她的時候她已年過八十歲了，大家都跟著馬總叫她「Grandma」（祖母，下面簡稱G）。

其實G是我「學姐」，馬總在青年會教課前還在湧金夜校教過英語。當年G晚上沒事就去湧金夜校逛逛，看到有班級上英語，她就坐在後面聽，一開始同學們還以爲是「老領導微服私訪」。

別人害怕記單字，可是G卻透過睡前背單字治好了頭疼和失眠。

　　到青年會時，G的口語和聽力在班上算是中上水準，而且耳聰目明。馬總經常會拿她做例子：「看看G，你們還有什麼學不好的理由？」

　　G的一個外孫女當時不到二十歲，也來聽課，聽完課後會跟我們玩到凌晨才回家。我們問她，這麼晚回家家人放心嗎？她說：「跟別人出去家人當然不放心啊！但G知道我是跟你們出去就沒事，G說了，我們班全是好人！」

　　海博翻譯社成立後，G主動要求去做宣傳，並去一些公司聯繫業務。大家都不忍心讓她去，她卻說：「我去容易成事，誰會拒絕一個八十多歲又會講英語的老太太的請求呢？」事實正如G說的那樣，年輕人辦不了的事，G出馬基本上一次搞定！

　　G當時還騎自行車。有一次她送文件時迷了路，後來大家不敢再分配工作給她。後來她就專門負責去大飯店做宣傳，大飯店冬暖夏涼，環境也好一些。

　　都說老年是第二個童年，這話不假。G也會生氣。有一次我跟同學在討論歇後語，說道：「老太太喝稀飯——無恥（齒）下流，老太太靠牆喝稀飯——卑鄙（背壁）無恥下流。」同學們聽得哈哈大笑，G卻很嚴肅地走了過來，說：「這些歇後語我不愛聽！」

　　那段時間G因為腸梗阻開了三次刀，還截了腸。由於G的心態良好，恢復很快。再來上課時我對G說：「據科學報導，東方人由於以素食為主，消化和吸收的『程序』多，所以腸比西方吃肉的要長一些。您現在截了一段腸，我覺得這對您學習英語一定是有幫助的，因為您現在比我們更接近洋人。」G聽了笑個沒完。

英語班的事情傳到了中央電視臺，引起了《東方時空》杭州籍的編導樊馨蔓的興趣。她帶著攝影師來到杭州，打算爲我們拍攝一個短片。

　　樊導先「潛伏」在英語班裡聽了兩次課。我當時發現班裡多了個長髮大眼睛的女同學，課間會跟馬總交流。聽說她是電視臺的，我也沒太留心，因爲班上來來去去的同學本來就很多，習慣了。

　　這時G的腿已經不太方便，馬總每次都指定不同的同學去接G上課，那天剛好輪到了我。

　　到了G的家門口，我像平常一樣敲門。門剛打開，一道刺眼的強光撲面而來，我被嚇了一大跳。原來攝影機已「埋伏」在G的家裡，馬總和幾個同學也已先我而到。我們一開始有點緊張，樊導說：「大家不要緊張，原來該怎麼樣就怎樣，就當我們不在。」

　　我們在G的家裡坐了一會兒。牆上有一張老照片，有很多人，中間是鄧穎超，落款是「全國先進生產者代表會議全體職工家屬代表」。

　　已經沒有辦法從照片上辨認出G，G告訴我們，她先生是鐵路工程師，照片拍攝時間是1956年，在北京。那時她在家屬區跟大家一起辦托兒所、小賣部。

　　我們接了G去上課，樊導全程跟著我們拍攝。

　　不久英語班的故事就出現在《講述老百姓自己的故事》節目裡，這節目收看的人不少，播出第二天就有不少熟人跟我說：「昨天我在中央臺看到你了！」

　　1995年秋天，G過世了，當時《女友》雜誌剛發了一篇〈公

我們在「平湖秋月」爲G舉辦了一場特殊的紀念活動

關老太太〉介紹她。大家都很悲痛，馬總召集全體同學在西湖邊的「平湖秋月」爲G舉辦了一場特殊的紀念活動。

　　馬總說：「⋯⋯G在天上會一直陪伴著我們，她不希望看到我們悲傷，她希望看到大家快樂。今天我們在美麗的西湖邊回憶G跟大家在一起的點點滴滴，我們要高高興興地送送她⋯⋯」最後，我們把G的骨灰撒在了西湖裡。

情同父子

　　提起馬總的過去，Ken是一個繞不過去的名字。

　　很多人都知道馬總大學考了三年，但很少人知道他曾風雨無阻十多年每天在西湖邊讀英語，和外國人交流。

　　Ken是澳洲人，是馬總很小的時候就在西湖邊結識的朋友，他們情同父子。Ken曾邀請馬總去過澳洲，到了那邊馬總才發

現，資本主義不是先前想像的那麼水深火熱，也用不著我們去拯救。相反地，如果我們不迅速發展，我們恐怕將「被拯救」。

在澳洲，讓馬總記憶較深的還有一件事，就是公園裡居然有很多人在打太極，這是馬總最喜歡的健身運動。

馬總與Ken夫婦在一起

Ken有時也來英語班做客。那時他已年過古稀，但依然健壯。這樣我們班裡就有一男一女，一中一外兩個老人了。

他話裡有很多俚語，我們不懂，馬總會幫忙解釋。比如，「非常好」這個詞，他會說「血淋淋地好」（bloody wonderful）。

他手指很粗，用電腦打字時經常要用一根筷子，否則就會一次打出兩個字母。

1998年馬總在北京工作，Ken來杭州時馬總讓我接待他。有一個星期，我去哪裡都帶著他，吃完晚飯才送他回飯店。我自以為接待得不錯，可是他卻向馬總「投訴」我總是酒後駕駛，屢勸不改。當時我不以為意，現在想來是我錯了。

馬總是個很念舊的人，Ken已過世好多年了，但馬總的家裡和辦公室裡一直放著他與Ken的合照。

Ken的兒子跟他爸爸長得一模一樣，是一位瑜伽教練，2009年我還在馬總家裡見到過他。

馬總與Ken的兩個孩子合影

曲終人未散

　　由於馬總開始創業，英語班就解散了。但同學們還繼續交往著，喝茶、打牌、下圍棋、講段子……

　　馬總出差開始多了起來，常常不在杭州。而同學們聚會時也總會打電話給他，告訴他聚會有哪些人，在做些什麼。

　　由於有的同學要出國深造等原因，結婚比較晚。每當有女同學孑然一身回國跟大家聚會時，電話那頭的馬總就會開玩笑地說：「告訴她，找個好人家該嫁就嫁了吧，不要再等我了！」

　　有一天傍晚馬總打電話給我，說他在深圳吃大排檔呢，問我最近有沒有什麼好段子。我就給他講了兩個，電話那頭他哈哈大笑，不能自已。過了一會兒，馬總在電話裡輕聲說：「剛才笑

富春江一遊，其中有G和Ken

得太響，把旁邊一桌嚇著了！」

在一個深秋的週末，天氣非常好。馬總難得在杭州，大家一起去寶石山上的抱樸道院喝茶、打牌。馬總穿著一件很帥氣的風衣，一個同學看了看他衣服的商標後，說：「鱷魚嘛，名牌！跟×××的一樣。」

馬總說：「跟誰一樣？看清楚，看清楚！鱷魚頭是朝那邊的，我這是法國鱷魚！」

旁邊一對快樂的老夫妻在下軍棋，缺一個裁判。我們打牌的人還有多餘，馬總就安排輪牌換下來的人去給老夫妻做裁判。老夫妻玩得很開心，當「老頭」用「炸彈」炸了「老太婆」的「司令」後，「老頭」的臉笑成了一朵菊花，大聲說：「兵不厭『炸』，那是炸彈的『炸』。」

老夫妻的快樂感染了我們，其實快樂本來就很簡單。

　　過了沒多久，馬總說有點事先下去一趟，中飯沒有趕回來吃。等馬總回來時已經快下午5點了，他坐下後問：「你們知道我去哪裡了嗎？」

　　同學們說不知道，馬總說：「我去了趟廣州又回來了！我去辦出國簽證。」

　　大家驚訝不已：「真的啊？！去了廣州又回來了？我們連蕭山都沒有敢猜。」

　　到了1998年，馬總大部分時間都待在北京，難得回杭州一趟，但每次回來都會約大家聚會。記得有一回在外面吃完晚飯，我開車送馬總一家回家，當時馬總的兒子已經七歲了，長得胖胖的。路上馬總太太張英一直在跟兒子說：「堅持一下噢，別睡著！」我覺得很奇怪，說：「小孩要睡就讓他睡吧！」馬總太太說：「你不知道，孩子已經很重了，他要是睡著，我們兩個只能把他抬上六樓。」

　　2000年我搬了家，喬遷那天同學們都來我家打牌。馬總路過我家時，順道來看看同學們。他來時已過了吃飯時間，可是他還空著肚子，只好在我家吃了一碗泡飯。馬總很忙，待不到半小時就要走，臨走時他跟一位同學為一件小事打了個賭，結果輸了200元。馬總說：「陳偉，我本來想省點錢到你家吃碗泡飯，沒想到你家的泡飯比香格里拉的泡飯還要貴。」同學們聽了都笑。

　　有一次馬總在香港開會，記者問：「現在你們公司資金這麼少，如果競爭對手起來，怎樣才能保證公司活下去，你對『一山難容二虎』怎麼看？」

　　馬總：「主要看性別。」

　　記者茫然。

馬總接著說：「我從來不認為『一山難容二虎』正確。如果一座山上有一隻公老虎和一隻母老虎，那樣才是和諧的。」

　　記者又對馬總講的電子商務的作用表示質疑，馬總回答：「剛出生的孩子你能告訴我他有什麼用嗎？電子商務也一樣，目前還是個雌（雛）形。」（馬總說了個杭州音）

　　記者問：「雌形是什麼意思？」

　　馬總驚奇地問：「雌（雛）形你不知道嗎？就是小雞，就是baby。」

　　記者明白了，馬總說的是雛形。

　　回來後馬總有一段時間每次必講「雌形」，說：「這次丟臉丟大了，那麼多人……我一直以為讀『雌』。」

　　馬總喜歡下圍棋但水準一般。創業期間馬總常去日本出差，在東京機場返程候機時常會跟同去的同事下下圍棋。圍棋在日本很普及，到處「藏龍臥虎」，跟中國的乒乓球一樣，所以在他們下棋時常有候機的日本人過來看。馬總說：「一個老頭過來看了一會兒，搖搖頭走開了；過一會兒一個小孩過來看了一眼，也搖搖頭走開了。我覺得不能再這樣丟中國人的臉。怎麼辦？圍棋水準一下子提高是不可能的，於是我們改下五子棋！五子棋我可是打遍天下無敵手，要看就讓他們看吧！」

　　有一次我去非洲肯亞，發現自己還能用英語跟當地人溝通，於是就發簡訊給馬總：「馬總，你教我的幾句破英語居然在非洲還能派上用場。」

　　馬總回覆：「沒良心的東西！」

　　有一年我在橫店拍電視劇，跟幾個演員吃飯。我打電話給馬總，他說他正在參加杭州休博園的國際休博會。結果，他發言

時先念了我發給他的一條短信：「富豪榜出來了，現在國內首富是個女的，二百七十億元。你一時半會兒也趕不上了，不如休休閒，喝喝茶，打打牌吧。」

果然第二天杭州各大報紙都登了，標題是：馬雲參加休博會，發言前先念了一條短信。

收購「雅虎中國」後，有一天去馬總家玩，我開玩笑地說：「馬總，你現在已經很富有了，分一點財產給學生吧。卡內基說過，『在巨富中死去將是一種恥辱。』」

馬總：「那反過來呢？」

「什麼反過來？」我問。

「在貧窮中死去將是無上光榮嗎？」

馬總總是技高一籌。

第二章

馬雲觸網

　　1995年，馬總開始了他第一次創業。他的創業故事很多人耳熟能詳，而我，卻總記得在創業的過程中，馬雲和他太太張英爲「中國黃頁」做出過像「抵押房子」這樣破釜沉舟的決定。類似的決定，我相信一定有好多次，有些會更慘烈，有些我聽說過一點點，有些我根本不知道，有些過後還可以拿出來分享，有些怕是當事人永遠都不想被人再提起。

　　尼采說過一句話：「思想者最不幸的不是被誤解，而是被理解，因爲被理解意味著有人知道你是那樣的痛苦。」我認爲創業者也一樣，完全被理解也是不幸的，因爲曾經有過那樣不堪的痛。

去美國是被騙去的

　　1995年，有一段時間我和馬總一直沒有聯繫。有一天突然接到他的電話，讓我去他家聚聚，說他剛從美國回來，有重要事情宣布。

　　那天馬總家裡來了很多人，有一些是同學，還有一些我不認識。馬總披著一條毯子，人縮在沙發上，顯得有些緊張。人到齊後，馬總開始講他前一陣子的奇遇。

　　一家國外公司來到浙江，號稱要投資建造高速公路，邀請馬總做翻譯。後來又帶他去了美國，吃好的、住好的。我還記得當時馬總說在拉斯維加斯住的頂樓的房間，一按旋鈕屋頂立即打開，就剩一層玻璃，躺在床上可以看見滿天繁星。

　　馬總後來發現那幫人和別人談判時說的事情根本與事實不符，他們還要求馬總爲一些子虛烏有的東西「作證」。馬總覺得

他們可能是一個國際詐騙組織，就拒絕跟他們合作。

　　這時對方開始威脅馬總，說不合作他就休想回去，並把他的東西全都扣下⋯⋯

　　馬總之後經歷了一系列驚心動魄的事件，終於逃出魔掌⋯⋯

　　「這幫人太壞了！」馬總披著毯子縮在沙發裡，很多次重複著這句話。可以感覺到，一些不堪回首的細節，恐怕馬總永遠不想再提起。

　　但我個人以為，人的很多潛能恰是被一些極端事件「激發」的。被槍指著腦袋的瞬間，有的人崩潰了，而有的人可能立即變得強大，誰知道呢！

　　馬總從那幫人的黑窩裡逃出來後，沒有立刻返回中國。他想起了杭州電子工業學院的外教同事之前說起過的互聯網，而且那位同事的女婿就在西雅圖當時僅有的網路公司工作。

　　於是馬總飛往西雅圖，找到了那家公司。公司裡的人跟他說，要查什麼就在電腦上面敲什麼。他就在上面敲了「beer」，結果搜索出來德國啤酒、美國啤酒和日本啤酒，但就是沒有中國啤酒。接著他又敲了個「China」，搜索結果卻只有數十個單字的中國歷史介紹。

　　之後的一段日子，我幾乎每天去馬總家聽他講解和演示互聯網。我基本上沒聽明白，只是湊個熱鬧，順便見見同學們，當然更是為了給馬總一個面子。馬總每天都張牙舞爪地講得很興奮，講完了互聯網之後，又講他的創業計畫，然後還問我們有什麼想法。

　　我們都說沒有想法。

　　有人向馬總提了幾個問題，都是一些關於創業步驟的。馬總答不上來，說他還沒有想好。於是大家一起搖頭嘆息，紛紛向他潑起了冷水：「馬老師，你開酒吧、開飯店、辦個夜校，或者繼續當老師，怎麼都行，就是做這個不行。這到底是什麼？中國人沒一個知道的——不是說它不好、沒前途，而是因為這玩意兒太先進……中國人不會買帳的。」

　　大家的反對並沒有讓馬總灰心。以前只是聽說，現在親自接觸到了互聯網，這讓當時的馬總無比興奮。他決定在中國開辦一家公司，專門做互聯網。馬總去美國花了一點點錢註冊了「China page」，電腦顯示：「You are lucky...」（你很幸運！這個名字沒有被註冊）。

　　馬總說就在同一天，一個臺灣的年輕人註冊了「Taiwan page」。海峽兩岸同一天進入了互聯網時代！

　　這次的創業，和創立海博翻譯社不同，馬總放棄了當時被大家看成金飯碗的大學教師工作，辭職下海了。我記得他告訴我說，在他打算辭職的時候，本來還挺猶豫的。後來有一天快下班的時候，在校園裡遇到了系主任。系主任騎著一輛自行車，車把上掛著兩把剛從菜市場買回來的菜。他叫住馬總，語重心長地勸他好好做英語教師這份很有前途的工作。「我看著他的樣子，突然明白，如果繼續在學校待下去，他的現在就是我將來的『前途』了！」於是，馬總迅速地辭職了。

　　1995年4月，馬總在杭州文二路的金地大廈租了幾間房，辦起了「中國黃頁」。聽說他當時拿出了六、七千元，還找妹妹和妹夫借了一些錢，湊了兩萬元啟動資金。自此，馬總正式註冊了自己的公司——杭州海博電腦服務有限公司。這是中國第一家互

聯網商業公司，員工只有三個人：馬總、他太太張英和何一兵。何一兵是馬總在學校時的同事，被馬總一通電話忽悠，也來從事這個稱爲Internet的事業了。

　　我雖然聽不太懂馬總講的互聯網，不過但凡他召喚我去幫忙的時候，我還是每次都會去的。有一天公司招聘，讓我去幫忙壯聲勢。我去了之後，發現一個不小的房間裡空蕩蕩就放了一張桌子和一張椅子，有點像小孩子辦家家酒的感覺。馬總的第一任秘書李芸，就是那天招進去的。

　　馬總一開始做「中國黃頁」時沒有客戶，於是就先從身邊的人下手。當時我在出口電視機的公司裡上班，另一個女同學在望湖飯店做大廳經理，馬總就把我公司十四英寸出口彩電的資料和望湖飯店的圖片發上了互聯網。這很可能是中國最早上網的產品和飯店。

　　之後不久北京召開了世界婦女大會，會後一些代表來杭州遊玩，入住望湖飯店。望湖飯店並不是杭州一流的飯店，當被問及爲什麼會選擇入住望湖飯店時，她們回答說，因爲這是網路上所能搜尋到的唯一一家飯店。

　　在望湖飯店做大廳經理的這位同學叫周嵐，之後成了馬總的第二任秘書，現在是阿里巴巴事務部的總監。當年她是我們班最清純的美女之一，有照片爲證。

　　關於「漂亮」在人生中能起多大作用，馬總也曾經跟大家探討過。馬總說：「漂亮當然有用，不漂亮的人經過努力只能做老闆，漂亮的人經過努力可以給老闆做秘書，哈哈！」

　　即便如此，「中國黃頁」上線後，還是沒有多少客戶找上門來。馬總不得不承擔起宣傳「中國黃頁」的重任。由於沒錢做

周嵐，馬總的第二任秘書

廣告，馬總就挨家挨戶地演示、遊說。回憶起那段經歷，馬總至今還是很感慨：「我那時名義上是總經理，其實就是個推銷員——跟當時上街推銷保險、保健品的那些『令人討厭的業務員』沒什麼兩樣。只不過人家是以簽保單、推銷產品為使命，而我純粹就是個志願者。」我有一次還聽到同學說，在路邊的大排檔還曾見到過馬總跟人坐在路邊神侃。我相信那段時間，馬總的創業經歷是各色滋味，全湧心頭的。

馬雲的賢內助

蘇格拉底說過：「美好的婚姻能帶給你幸福，而不幸的婚姻卻能讓你成為哲學家。」我覺得那只是他對自己娶了悍婦的自我安慰。人活在世上到底能得到多少？「萬頃良田」其中「一斗

米」，「千座大廈」之間「半張床」。所以，「另半張床」在生命中是至關重要的。馬總曾多次在演講時說過：「回到家最重要的是要有一張好床，床上要有一個好人！」

馬總的太太張英是他的大學同學，後來又在杭州電子工業學院同一個教研室工作。

教英語班的時候，若馬總有事實在來不了，張英就會來代課。雖然次數不多，但從英語教學的角度來看，說實話張英比馬總課要上得更好一些。馬總教學時傳授的思想方面內容多一些，有時候容易天馬行空。而張英每堂課都會歸納一類英語問題，認真地講辭彙說語法，比馬總上課更專注，幾乎不講英語之外的東西。

馬總很喜歡熱鬧，經常邀請同學們去他家玩，而且每次都是很多人。張英對大家總是笑臉相迎，準備茶水，有時還準備飯菜，大家走後一片狼藉等她收拾。他們家當時在杭州的最西邊，再西就是農田，在他家裡，晚上可「聽取蛙聲一片」，不遠處「中華田園犬」的吵鬧聲也時隱時現。張英又要上課又要幫馬總創業，兒子只能請保姆帶。為了省錢，她請了個農村保姆，結果很快地兒子的口音就隨保姆去了，把「電池」叫成「電油」，而且發音離普通話八竿子遠。張英趕緊想辦法換保姆。

馬總在創辦「中國黃頁」時，曾準備把自己的房子做抵押。有一回在同學聚會時，馬總又提起這事，張英知道馬總已決定了是不會改變的，就在邊上很無助地說：「一定要抵押房子嗎？房子抵押了以後我們住哪裡呢？」

「中國黃頁」成立後，馬總頻繁出差美國，一開始蠻興奮的，後來覺得累了，就讓張英代他去。有一天，馬總打電話給

我：「陳偉，馬上組織同學們活動，從今天起每晚都要活動。」

我問：「現在這麼空嗎，馬老師？」

馬總說：「張英去美國了，要十五天！我現在的感覺就像是一個叫花子突然撿到了兩百萬元，我都不知道該怎麼花了！」

張英在創業初期不僅僅是賢內助，更是「業務骨幹」。記得「中國黃頁」第一筆八千元人民幣的「大訂單」就是張英談下來的。

1998年，馬總去北京工作，張英也跟著去北京。為出行方便，那年張英學會了開車。車技還不嫻熟的張英有一回倒車，撞上了停在那裡的一輛賓士車。這可把張英給嚇壞了，把賓士車撞壞了那還不得傾家蕩產?!下車一看，張英開的捷達車尾部還架在賓士車上。當時同車上還坐著兩個人，他們趕緊把捷達車的尾部抬下，結果竟然發現人家賓士車一點事也沒有，連油漆都沒有擦掉一點！張英繃緊的神經這下舒展了，比撞車之前還舒展，趕緊上車走人！

創業成功之後也並非沒有無奈。2008年張英來公司找一個副總裁，那是張英一手培養起來的副總裁。她到了公司前廳被前檯美眉攔住了：「這位小姐，請問您找哪位？」

「我……」張英看著跟自己兒子年齡差不多大小的前檯美眉，不知道該說什麼。

之後張英幾乎沒有再去過公司，她很感慨地說：「自己千辛萬苦創建的公司，我現在已經走不進去了，即使進去我也不知道該做些什麼。」

這些年來整個公司發生了翻天覆地的變化，可是張英對馬總健康等方面的「管理」卻從來沒有鬆懈過。

張英知道馬總是「人來瘋」，跟人談事時從來不知道累，而且興奮異常，到人走了才知道累。所以只要開會開得晚，張英就會定時來電催，以保證馬總儘早結束。

馬總的中飯基本上是家裡送來的，過了中飯時間張英也會催。中飯時間去馬總辦公室，你會經常聽到馬總這樣打電話：「……肉已吃了兩塊，蒸蛋吃了一半，青菜吃了很多……水果正在吃呢！」

為了讓馬總和家人吃得好，張英把兩個在家幫忙的娘家親戚派出去學廚藝，他們現在的水準都可以在家接待「元首」了。金庸、吳小莉等名人來，馬總經常安排「家宴」，而且他們對「廚師」的廚藝也是讚不絕口。

馬總穿的衣服都是張英買的，張英買什麼馬總就穿什麼。有幾回去香港，馬總也「親自參與」了買衣服，但基本上是「身體」參與，「思想」不參與。

近兩年馬總的一言一行都會被無限放大，不論是「阿里巴巴」還是「華誼」，馬總每減持一次股票，就「被離婚」一次。而在我看來，要他們離婚一定會比再建一個阿里巴巴更難。

不著調的夢想

記得英語班課堂上有一回的主題是「I have a dream」（我有一個夢想）。同學們的「夢想」五花八門，有想當科學家的，有想遨遊太空的，有想子孫滿堂的……而最多的是想賺夠了錢周遊世界，想去哪裡就去哪裡。

我忘了當時馬總的點評，但馬總自己是一個特別有夢想的

人，儘管夢的內容經常在變，但夢始終沒有停頓過。

有一個週末，大夥兒一起去杭州的天竺山登山。馬總說：「金庸的每部武俠小說我都不只看過一遍，我的夢想就是成為武林高手。比方說，」馬總一邊說一邊在一棵大樹下撿起一根稻草，「我一發功，這根稻草會變得剛勁無比，一甩手它就能穿透這棵樹。等我一收功，它又鬆軟如初，兩頭從樹幹上耷拉下來。所有經過的人都看不明白這根稻草是怎麼穿過樹幹的。哎，我若有曠世武功就好了，比如像風清揚那樣。」

馬總的武俠夢想一直沒有磨滅過。在創辦了阿里巴巴後，有一回馬總還說：「我哪天突然消失，誰也找不到我，大家急得團團轉。一週後我才告訴秘書，別人再問起，你就回答：『馬總去拍電影演風清揚了。』別人若問：『那什麼時候能回來？』你就說：『我也不知道，您關注一下相關的新聞吧，電影什麼時候殺青，馬總什麼時候才能回來。』我覺得這樣蠻好玩的！」

還有一回和英語班的同學們喝茶，馬總又說了這樣的夢想：他在現代化的杭城招搖過市，其他人都是西裝革履，而他一身白色綢衣，一副墨鏡，頭髮光亮耀眼，蒼蠅停上會摔斷腿那種。著裝與周圍格格不入，旁邊還站著兩個高過他一個頭的女保鏢，他左手一伸，一保鏢立刻遞上一個大餅，他咬上兩口扔回去；右手一伸，另一保鏢立刻遞上雪茄點上，他彈菸灰時保鏢用手接著。抽上幾口，他在女保鏢手上擰滅雪茄，一陣青煙冒起，女保鏢面不改色，毫無表情。事後女保鏢拍拍手，沒有留下任何傷痕。周圍的人瞠目結舌，各種表情都有……

後來在創業過程中馬總經歷了很多，所以這個階段他的夢想已大大改變。

夢想一：帶著團隊所有人去巴黎過年。在大家已經驚喜萬分時，宣布年夜飯後還發年終獎金：每人兩把鑰匙。在大家莫名其妙時，他再說：「我給大家每人在巴黎買了一幢別墅，還有一輛法拉利跑車。」當場有人因心跳過速，被送進醫院……

夢想二：馬總走進一家歐洲豪華酒店，工作人員見是亞洲人，愛理不理。馬總找到酒店老闆說：「這個酒店你出個價，我買了！」老闆說：「這個酒店不賣，除非三億美元。」馬總拿出支票來，一邊寫一邊說：「我還以為要五億美元。」迅速辦完手續，他拿著總裁辦公室的鑰匙交給門口一個彈吉他的流浪漢說：「從現在開始，這個酒店是你的了……」

馬總不僅自己「做夢」，在創業最艱難的時候，還聚集大家一起「做夢」。有一年年底，沒有年終獎金還要加班。有一天，馬總把大家召來開會，說：「假如你們每人有五百萬元年終獎金，你們想怎麼花？」大家七嘴八舌就說開了，興奮地「暢

想」了近一個小時，馬總突然打斷：「好！大家說的這些都會實現，接下來幹活吧！」

有人說：「馬總，再讓我們多說一會兒吧，我才用了三百萬元呢！」大家哄笑著散開，繼續工作。

「窮開心」是創業初期最準確的詮釋。雖然當時我沒有加入公司，但我經常去看望他們，因為他們就在我家隔壁。馬總總會想出各種方法讓大家高興，對工作表現好的夥伴，沒有條件進行物質獎勵，馬總就給他們「加壽」。每次總結會時他都會給這位夥伴「加兩百歲」，給那位夥伴「加三百歲」。大家都很珍惜自己的「壽數」，有位姓錢的夥伴「加壽」最多，共加了九千歲。他現在已經移民加拿大了，去年回來住馬總家，還跟馬總學太極。他說他最開心的事就是他曾經是「九千歲」。

2011年元旦，「九千歲」錢同學又來杭州了。馬總家客廳裡有兩個很漂亮的銅馬，每個有手掌那麼大，這是錢同學當年從成都開車去九寨溝的路上買的。先是馬總看上了，但看到標價每個四千元，他決定放棄，之後錢同學買下它們，送給了馬總。

說到這事，馬總笑得停不下來：「人家要四千元一個，陳偉，你知道他還人家多少嗎？兩百！⋯⋯兩個！」馬總睜大眼睛，伸出右手做了兩次「V」狀：「還說再送點其他小禮品。」馬總邊說邊做了幾下老中醫抓藥的動作。

馬總接著說：「他還價我聽都不敢聽，難為情死了。說不定人家還一棒子打過來！」

錢同學卻在一旁憨憨地笑著：「這，這，這些小生意我之前也做過，您就按銅的分量跟他還，不行咱再給他加點。」一口好聽的京腔，「如果您還他兩千，啪！人家給了，這您後悔都來不及啊！您說是嗎？⋯⋯」

第三章
馬雲和張紀中

　　因為馬總，我認識了樊馨蔓，然後又認識了樊馨蔓的先生張紀中。後來我還經常去他的劇組探班，劇組在浙江拍戲的時候，有需要我還會去幫忙。後來幫著幫著，我兒子就去電視劇《激情燃燒的歲月》裡演戲去了，而我後來也成了張Sir的助理。吸引我進去的其中一個很重要的原因，就是張紀中劇組的飯據說是全國最好吃的。

　　這段混在娛樂圈的日子，讓我時常感悟，其實整個世界就是由無數個極小機率的事件堆積而成的。比如李亞鵬成了《笑傲江湖》的主角，比如已經辦了十年的「西湖論劍」，比如《神鵰俠侶》和淘寶網的合作……這些後來在報紙上出現的新聞，它的源頭都是某一時刻的靈光一閃。

初見張紀中

　　自從1995年樊馨蔓為我們英語班拍攝了《講述老百姓自己的故事》之後，每次回杭州時都會聯繫我們。從那個時候開始，她就一直關注著馬總，也一直跟我有聯繫。1999年，樊導給我的新年賀卡是這樣寫的：「陳偉：你的朋友馬雲又要回到你們身邊戰鬥去了，你們的朋友小樊我依然還要在長江的這一邊奮鬥，儘管目標也是為了全人類……你依舊快樂健康是大家的安慰，最起碼這個世界還沒有全軍覆沒……」那一年，馬總帶著他從杭州拉去北京的團隊又殺回了杭州。那一年，阿里巴巴誕生了。

　　有一個星期天，馬總打電話給我：「陳偉，一起吃中飯吧，樊馨蔓帶她老公來了。」

　　我按時趕到武林門一家飯店的二樓，他們都到了，好像還

有兩個英語班的同學在場，我不記得是誰了。坐在樊導身旁的是一個滿臉落腮鬍的男人，樊導介紹：「我先生張紀中……這是陳偉。」

馬總在旁邊介紹說：「張紀中是中央電視臺著名製片人，《三國演義》是他的作品，現在剛拍完《水滸傳》。」

我問：「製片人是什麼？」

馬總說：「打個比方，如果說導演是總工程師的話，製片人就是總經理，管錢、管人，也管導演。」

當時張紀中的頭髮和鬍子還是全黑的，也不算很胖。他說特別愛吃杭州家常菜，素雞、醬鴨、鹹肉燒春筍……樣樣都喜歡。菜上了，他吃了一口，突然瞪大眼睛，指了指菜說：「這傢伙……好吃得厲害！」

「你又來了，一驚一乍的，別人還以為你咬到舌頭了。」樊導說。

我們問他之前來過杭州嗎？

他說：「1966年『文化大革命』大串聯我就來過杭州了，十五歲，樊馨蔓那年剛出生，沒見著。」大家笑。

馬總說：「在臺裡大家叫你張主任（製片主任），在劇組人家叫你張導，我們怎麼辦，要不就叫你張Sir吧！」（當時很多香港警匪片，「Yes, Sir」很流行）就這樣，「張Sir」一叫就叫了十多年。

之後，張Sir也常來杭州。他說：「杭州真是個好地方，一個消磨鬥志的好去處。」而且幾乎每次吃飯都能聽到「這傢伙好吃得厲害」。

張Sir是1951年出生的，因為家裡階級成分比較高（爺爺

是北京一位有名的資本家），出身不好，小時候吃了不少苦。十七、八歲的時候，他就被下放到山西原平解村公社的農村去接受貧下中農的「再教育」。

張Sir很樂觀，有空經常會跟我們講起從前，以幽默的方式述說當時艱難的日子。

「……山西插隊時，我出身不好回不了城。好不容易有個工作，在電影院收門票。有一天，領導的老婆沒票我不讓她進去，第二天我就被開除了……真要謝謝她，要不然我現在還在那裡收門票……

當年插隊時村裡剃頭是五分錢，有人抱了孩子過來，問孩子能不能三分錢。剃頭師傅頭也不回，說：『酸棗核也是五分。』意思是再小的頭也是一樣。

村裡有個男人，幹活時每天唱著黃色小調。有一天他告訴我們他有相好的女人了，是隔壁村的，說長得跟天仙一樣。我很好奇，還真去隔壁村，偷偷看了他說的那位，我的天哪，奇醜無比！」

張Sir還告訴我哀樂誕生的其中一個版本。

當年山西方圓幾十里就只有一個吹拉班子，家家辦喜事都得叫他們，他們吹吹打打將新娘送到新郎家。演奏的樂曲很歡快「來刀來米來西拉哨拉刀哨米來……」。

可是有那麼一回，半路上新娘由於興奮過度心臟病突發，死了！

新郎很悲痛，一邊走一邊對樂班說，後半段能換首悲傷一點的曲子嗎？

樂班說他們就會這一曲，要不然演奏慢一點吧，於是就有

了哀樂「來——刀——來——米——來——西——拉——哨——拉——刀——哨——米——來……」。

其實每一首樂曲，放慢到一定程度都可以是哀樂！

張Sir每次講完從前的故事後都會說：「現在我很希望在哪個農村的角落裡有一幫窮親戚，那我就可以跟石光榮一樣，拉一車肉、一車麵，帶上我們劇組的炊事班，請他們吃上三天三夜……」

1999年初，張Sir來杭州住在西湖國飯店，我和馬總去看他。當時張Sir正在籌備電視劇《孫中山》，遭遇了重重困難。談到電視劇，馬總問：「你有沒有想過去拍金庸武俠劇？」

「我當然想啊，可是人家香港都拍過了呀！」

「那都過去十五年了，現在重拍，如果拍得好一定會掀起又一次高潮。」

我還記得當時討論的結果是，如果真拍金庸劇，兩人意見高度一致決定第一部就拍《笑傲江湖》。

沒想到後來張紀中還真的拍了金庸劇，而且第一部拍的果真是《笑傲江湖》。更沒想到的是，從《笑傲江湖》開始，張紀中的武俠劇成了一個品牌，大大小小的明星都以能上張Sir的武俠劇為榮。

《笑傲江湖》之緣起

1999年秋天，正當馬總為成立阿里巴巴忙得不亦樂乎的時候，金庸把《笑傲江湖》的版權以一元的價格賣給了中央電視臺，簽約儀式在杭州舉行。

因為馬總沒時間，活動由我來安排。

簽約儀式我安排在三臺山一家較安靜的飯店舉行。中央電視臺副臺長、電視劇製作中心的領導、張Sir、導演和一幫編劇都從北京趕了過來。金庸那時是浙江大學人文學院的名譽院長，住在黃龍邊的浙江世界貿易中心大飯店，出入有一輛紅旗車和一輛奧迪車。為保證金庸能坐我們的車，我向當時杭州最好的酒店——喜樂酒店的老闆娘借了一輛加長的凱迪拉克，車內有冰箱、小桌，座位是面對面的那種。車開到世界貿易中心大飯店大門口，擋在紅旗車前面。

後來金庸先生就坐我們的車去現場了。簽約儀式進行得非常順利，照片上金庸正在為我題字。

事實上，張Sir之前從未見過金庸，但他一直非常尊敬金庸先生。因此，在怎樣將一元的版權費交給金庸先生這個環節上，

1999年簽約儀式上，金庸為作者題字

他絞盡了腦汁，當然最後的效果也出奇的好。直到現在他還不忘自我誇獎：「版權的一塊錢我是怎麼交給金庸的？我特地去中國人民銀行選了一張嶄新的，號碼吉利的一元紙幣，把它鑲在水晶獎盃中，再刻上『中央電視臺』幾個字送給金大俠。」

在一陣陣熱烈的掌聲後，簽約儀式順利結束了。之後，金庸和大家在飯店會議室裡探討《笑傲江湖》的劇本。其實到那個時候，央視領導、電視劇製作中心工作人員以及張Sir本人對劇本都還沒有什麼想法，因此他們心裡也都沒底。於是，大家請金大俠提要求，算是給改編劇本提出個總綱領或基本原則吧，而金大俠的要求則很明確——尊重原著。

「尊重原著」，很簡單的四個字，做起來可不容易。當時，金庸先生就提出了他對港臺金庸武俠劇的兩大意見：第一是搭景太多，真景太少，讓他覺得假；第二是改動太多，不夠尊重原著。用他老人家的話說：「這麼會改，你為什麼自己不去寫，還來問我買？」

討論完劇本，我送金庸先生回去，之後又安排大家在喜樂酒店用晚餐，以慶祝簽約儀式順利舉行。仍然沉溺於《笑傲江湖》中的張Sir還受到了中央電視臺領導的特別表揚：「你在杭州的群眾基礎不錯嘛！」

現在阿里巴巴集團對外聯絡部的總監陶雪菲同學跟喜樂酒店的老闆娘也混得很熟，不過當時她還是個小女孩，我們偶爾也會帶著她混頓飯什麼的，但這次事大，沒叫她。

馬總在金庸小說中最喜歡的人物風清揚，就是《笑傲江湖》中的人物。本來他一直說，在張Sir的這部戲裡，他一定要客串演出風清揚這個角色。不過臨到最後，卻還是因為他沒有科

班功底而放棄了。不過，馬總仍然喜歡以風清揚自居，他的淘寶ID就是風清揚。不過，金庸先生送給馬總的別號卻是另外三個字——馬天行，取意為「天馬行空，從不踏空」。對此，馬總也很高興地「笑納」了。

2001年初，《笑傲江湖》首輪播出，就為央視賺了七千五百萬元，之後更搶灘香港，在台灣也掀起層層熱浪。連劇中很多場景原址都因此而變得有名氣，《笑傲江湖》原著也更受人歡迎了。

在《笑傲江湖》開拍前，我和張Sir一起去浙江紹興的新昌縣，找新昌縣旅遊局領導商討在這裡拍幾場戲的事。當時，接待我們的是局長秘書，表現得並不熱情。見到我們時，他只說：「局長在午休，請你們在這裡等一個小時。」之後他就去做自己的事情，不再管我們。等了一個小時，局長終於出現了，好在我們拍戲事宜的商討過程還算順利。

《笑傲江湖》播出之後，人們都從電視劇中發現了新昌這個地方，知道了新昌是個旅遊的好去處。於是，新昌縣的旅遊收入翻了幾十倍。之後再去新昌，張Sir基本上可以呼風喚雨了。

從《笑傲江湖》開始，張Sir就和金庸先生結下了不解之緣。他們之間的合作越來越多，又陸續簽訂了好幾部作品的版權轉讓合同。當然，後來的作品不可能每次都以一元錢的「白送」價格獲得。到了《射鵰英雄傳》時，金庸先生就開始按市場價收費了。但即便如此，他賣給張Sir的作品價格也只有幾十萬元一部，比賣給其他製作人要便宜很多。

「西湖論劍」

2000年7月，馬總在香港開完會後，在庸記酒家和金庸先生會面。金庸在紙上用鋼筆寫了「多年神交，一見如故」幾個字送給馬總。

沒見到金庸先生之前，馬總對金庸先生的崇拜就已經到了人盡皆知的地步。沿用韋小寶常說的一句話就是「猶如滔滔江水，連綿不絕；又如黃河氾濫，一發不可收拾」。這從他爲每個阿里巴巴辦公室起的名字便可以看出來。在外人看來，到了阿里巴巴，就像是到了武林聖地。什麼「光明頂」、「達摩院」、「桃花島」、「羅漢堂」、「聚賢莊」等，全是出自金庸先生的小說，甚至連洗手間也被改名爲「聽雨軒」和「望瀑亭」。

在馬總的辦公室裡，陳列著不少刀劍，其中就包括張Sir贈送的兩把道具劍——龍泉劍。信不信由你，這些刀劍他會隨身攜帶，去哪裡辦公就搬到哪裡。以前放在阿里巴巴的辦公室，後來擺在淘寶的辦公室。有時，他甚至還會拿著明晃晃的刀劍在公司裡晃蕩。對此，我還常調侃馬總是走江湖的——「吃飯傢伙不離身」。

馬總從香港回來後的一個週末，我和朋友們在龍井的翁家山一戶農家喝茶，閒聊時說到馬總。當時馬總在杭州已小有名氣，我就打電話給馬總：「馬總！我們在龍井喝茶，你有時間來一起吃飯嗎？這裡有六個美女……」

金庸為馬總題字

馬雲兄　留念

多年神交
一見如故

金庸
於二千年七月廿九日

金庸的字

馬總那天剛好沒安排活動，就來了。馬總到了就跟我們吹牛，講了很多香港的見聞，當然也包括見金大俠的情況。那天我們聊到很晚，聊得很開心。當馬總談到要在杭州辦互聯網的「高峰論壇」時，美女們也興奮地出謀劃策，東拉西扯。也許「西湖論劍」及請金庸來做評委馬總來前已有打算，但我一直固執地認為，這些想法都是那天想出來的。

之後馬總還給我安排任務，挑選「西湖論劍」的會議場地、聯繫遊船畫舫等；還封我為阿里巴巴編外員工，「每週工作八天，每月32號領薪水」。

2000年9月10日，「西湖論劍」在西湖召開，吸引了全國數以千計的線民和上百家媒體。這次論壇的主題是「新千年　新經濟　新網俠」，除了邀請當時風頭正勁的五個互聯網英雄王志東、丁磊、張朝陽、王峻濤和馬雲之外，最吸引人的當然就是嘉賓金庸金大俠了。這是一個跟武俠沒多大關係的互聯網經濟論壇，不過在馬總的穿針引線下，這次論壇變得俠味十足，而且更讓人驚訝的是，金大俠雖然說自己對互聯網一竅不通，可是來參加論壇的這五個企業家，卻個個都是金庸迷。記得王峻濤後來說自己就是為了近距離看一眼偶像金庸才來參加論壇的，據說王志東的雙胞胎女兒的名字，也是金庸取的……

「西湖論劍」期間，金庸來阿里巴巴公司參觀，又用毛筆寫下一幅字：「善用人才，為大領袖之要旨，此劉邦劉備之所以創大業也，願馬雲兄常勉之。」金庸先生的字，揮灑自如，妙筆丹青，很有大家風範。

金庸贈馬總的大小兩幅字現在都還放在馬總西湖國際的辦公室裡。

2000年9月金庸為馬總贈字

善用人才為大

領袖之要旨此

劉邦劉備之計

以創大業也願

馬雲兄常勉之

金庸

公元二千年

九月于阿里巴巴

宗洞

金庸的題字

「西湖論劍」辦得很成功，也就成為一個傳統項目，每年秋天互聯網的精英們都會在西湖論上一次劍。世事變遷，每年來參加的嘉賓名字也都在不停地變換，不過他們都是這個行業裡的俠客。

2000年的國慶日，《笑傲江湖》殺青，張Sir請李亞鵬等來杭州度假，還請了趙季平一家以及易茗、雷蕾夫婦。我還是把大家安排在簽約《笑傲江湖》的那家飯店。

那是一次非常快樂的假期，其中有一天晚上我們還包下了飯店的卡拉OK廳，全程都唱在座藝術家的作品：〈渴望〉、〈少年壯志不言愁〉、〈好漢歌〉、〈紅高粱〉，還有雷蕾父親雷振邦的〈冰山上的來客〉等。唱到動情處，臺上臺下都熱淚盈眶。記得那天瞿穎也在。

我問張Sir這次來杭州度假怎麼沒有約馬總，他說：「『西湖論劍』那件事我還在生氣呢！我至少要生氣到今年年底。」

原來馬總計畫中除了請金大俠當評委，在西湖上泛舟吃螃蟹之外，還打算邀請《笑傲江湖》的主創張Sir及李亞鵬、許晴兩位主角。後來由於船不夠大，就只邀請了金大俠。「我都跟亞鵬他們打過招呼了，」張Sir當時顯然氣還沒有消，「我們都是推了其他活動把時間留出來的。」

這次度假張Sir還不只一次談起石鐘山的小說《父親進城》，說一次感動地哭一次，一定要把它拍成電視劇。張Sir夫婦很喜歡我當時五歲的兒子，要讓我兒子出演其中的小孩角色。我兒子悄悄跟我說：「爸爸！不要把這件事告訴別人，我現在還不會簽名呢！」

當年年底，只有五萬字的小說《父親進城》（後來改名為

《激情燃燒的歲月》）被編劇陳枰改編成了二十二集的電視劇劇
本。張Sir看過劇本後非常滿意，他曾不只一次開玩笑地對陳枰
說：「我愛死你了！」

　　2000年底，《激情燃燒的歲月》開拍，張Sir讓我五歲的兒
子去演石光榮的孫子石小林。

　　兒子問我：「爸爸，我現在是不是很牛了？」

　　「是的，當然。」

　　「比馬雲叔叔還牛嗎？」

　　可見「西湖論劍」後，在杭州馬總已經是「牛」的代名詞
了。

金庸劇改變的……

　　2001年《射鵰英雄傳》開拍，張Sir和李亞鵬路過杭州，我
請他們在龍井茶都（現在的「綠茶」）吃飯。

　　在馬總和張Sir的薰陶下，我也「武俠」起來，給飯店老闆
上了一堂「課」：把菜單改成「葵花寶典」。我還特地教廚師做
了兩個菜——「獨孤（菇）九劍」（炒蘑菇，邊上九個筍尖）和
「降龍十八掌」（蒸黃鱔邊上一圈鴨掌）。

　　這時張Sir已過了生氣的「期限」，那天馬總也來了。馬總
看了菜後說：「『降龍十八掌』怎麼只有八個掌，我這個『掌』
算十個。」照片中顏色淺一點的「掌」就是馬總的「左掌」。

　　金庸和張Sir一樣，都特別喜歡杭州，也喜歡去農家吃飯。

　　2001年的秋天，桂花開滿杭城，而農家更盛。那天陽光很
燦爛，我陪金庸夫婦和張Sir來到梅家塢。我打電話給馬總，很

2001年在龍井茶都拍攝的「降龍十八掌」

快地馬總就帶著阿里巴巴的第一任COO（營運長）關明生過來了。關明生也是個武俠迷，他很恭敬地跟金庸說：「我在香港的公司裡之所以受歡迎，是因為我把您寫的報紙連載每一篇都反覆看，還小心翼翼地剪下來訂成本，有空就跟同事講武俠。」金庸聽了也開心地笑。

　　關明生如願以償地跟金大俠合影，心滿意足地先回去了。照片是我拍的，本想「敲詐」他一回，自己把照片留下，可是後來馬總兩次幫他來向我討要，我只好「毫無收穫」地交出去了。

　　馬總留下來跟我們吃飯，我們依舊是邊吃飯邊鬥嘴，金庸和張Sir都很樂意當聽眾。有時我會說得過頭一點，通常這時馬總就會拿出撒手鐧：「一日為師，終身怎麼樣啊？」

　　樊馨蔓也喜歡當時我在杭州這種沒有追求的生活方式。那年她又出了本書《暴走的日子》，書中有寫到我和我兒子。她還

2001年9月金庸、馬總和張紀中在杭州梅家塢合影

特意送了我一本，寫上：「陳偉，我與你的差別是：你，生活；我，寫生活。我比較值得同情。」

2002年春季的一天，張Sir、我及我兒子一起去杭州梅家塢吃農家飯，在那裡我們見到了一對特別漂亮的母女。

她們之前在紐約，「911」後回國，媽媽透過朋友引薦，希望女兒能出演金庸劇。女兒雖然個子高挑，但其實只有十五歲，極其乾淨漂亮，給人一種不食人間煙火的感覺。期間女兒基本上沒有說話，聽大人說完後偶爾似懂非懂地點點頭。

「之前拍過戲嗎？」張Sir問。

「沒有！」媽媽代回答。

「叫什麼名字？」

「劉亦菲。」還是媽媽代回答。

……

聽說我兒子出演過《激情燃燒的歲月》，母女倆爭著跟我兒子合影，所以這張照片不是我兒子的追星照，而是劉亦菲在追星。

金庸對劉亦菲的形象也很滿意，於是她順利出演《天龍八部》中的神仙姐姐。

由於武俠劇後期製作時間很長，所以《天龍八部》的播出時間比《金粉世家》晚了一些，以至於很多人都以爲劉亦菲出演的第一部戲是《金粉世家》，其實應該是《天龍八部》。

劉亦菲追「星」

隨著金庸劇的一部部拍攝，儘管批評聲和讚譽聲一樣多，但這並沒有阻止張Sir的名氣越來越大，以至於家喻戶曉。於是，全國各地的旅遊部門爭相邀請他去看景。

張Sir去桃花島拍戲前還有個故事。有一回樊馨蔓去舟山拍紀錄片，遇見桃花鎮的書記，書記聽說她是中央電視臺來的，就問：「我們想請張紀中來桃花島拍戲，不知道妳認不認識他？」

「認識！」

「熟嗎？」

「熟！」

「能說上話？」

「能！他基本上會聽我的。哈哈！他是我先生。」

......

金庸說當年他寫書時是看地圖，看海邊有個桃花島，於是就寫進了書裡。

拍戲之前他從來沒去過，島上原先也沒有桃花。島上有一種石頭，石頭上有海洋植物的化石圖案，像桃花。現在的桃花島到處是桃樹，那都是當時為拍《射鵰英雄傳》而種的。

此一時彼一時。想當年，記得第一次和張Sir還有于敏導演去橫店時，是在杭州租的車。到那邊誰也不認識我們，到哪裡都得自我介紹。

浙江的天臺是濟公的故鄉，也是佛教「天臺宗」的發源地，更有「石樑飛瀑」等奇特景點。錯過了《笑傲江湖》的拍攝，當地政府盛情邀請《射鵰英雄傳》劇組能在天臺取景。在天臺開機儀式當晚，當地政府宴請全體劇組演職人員，擺了近二十桌酒席。許多演職人員即興上臺表演，好不熱鬧。

第二天，當地旅遊部門的領導來找張Sir，希望他留個墨寶。張Sir的毛筆字真的不怎麼樣，但盛情難卻，於是鼓足勇氣寫了一副對聯：「《水滸》《笑傲》欠仙債，《英雄》遲早聚天臺。」第二天就見報了。張Sir邊看邊搖頭，說：「回北京我得好好練練毛筆字。」

2003年春節後我回到杭州。當時電視新聞每天都是「美軍攻打伊拉克」的新聞，人們坐山觀虎鬥；不久我們自家後院也起火了——SARS來了。

張Sir並沒有因為SARS來了而停止工作。在北京完成了「神鵰俠侶城」的設計初稿後，他帶著總美術師和導演來浙江象山實地考察。象山旅遊局的陳女士聽說要接待張紀中，很興奮，可是

見面後聽說他們剛從北京開車過來，臉色一下就變得蒼白。「握手時我就碰到她手指一公分。」SARS後每次見到她，張Sir都會說起這件事。

　　浙江這邊的工作完成後，我們都勸張Sir待在杭州算了。導演和總美術師也不想馬上回北京，畢竟北京是「重災區」。可是張Sir堅持要回去，「北京沒那麼可怕，再說了，杭州就安全了嗎，阿里巴巴不是也有一例嗎？馬雲他們不也都被隔離了嗎？」

　　2004年，象山影視城如期完工，《神鵰俠侶》順利拍攝。金庸來探班的時候馬總也來了。當時淘寶網上線才剛一年，馬總和張Sir兩人相互推廣。由淘寶網出資一百萬元購買《神鵰俠侶》的道具，上網拍賣。選了金大俠來劇組探班的機會，三方聯合在象山召開了記者會。那天張Sir還邀請了已不在劇組拍戲的李亞鵬到場。

　　記者會後，我專程跟車來回一小時，去很遠的道具庫房取了提前「殺青」的「楊過」用過的那把玄鐵重劍，當面交給馬總。聽說這把劍後來在淘寶網上還賣了個好價錢。

一字千金

　　2005年，阿里巴巴收購了「雅虎中國」。為了給「雅虎搜索」做推廣，張Sir提供了一個建議：「寶馬的全球廣告，就是選不同的公司，完成不同的策劃後用同一演員去演繹，廣告同時播出，這種模式可以借鑑。」

　　2006年初，馬總聯手華誼兄弟傳媒集團，出資三千萬元人民幣，邀請了國內三大名導陳凱歌、馮小剛以及張Sir，圍繞

「雅虎搜索」分別創作一則視頻廣告短片。於是，劇組開始了對雅虎廣告的激情創意。作為「張版」的「主創」之一，我當時正跟張Sir在象山拍《碧血劍》，所以每次吃飯大家都會編故事，唾沫橫飛，很有趣。

最終拍攝的《前世今生篇》的故事雖然我有參與策劃，但我個人認為，中途被否決的有些故事更好一些，其中有我寫的《三世情》，梗概如下：第一世，古代，一對情侶因戰亂走散，男人後來成了將軍，派人到處在城牆上貼女人的畫像，一直到白髮蒼蒼……第二世，民國，在遠渡重洋的船上，男人在送客的人群中看見了女人，四目對視時船已離岸，之後男人在各種報紙上登「尋人啟事」，尋找那位表述不清的上一世的愛人……第三世，現代都市，地鐵裡男女相背而立，到站後，女子下車，回頭看見男子的瞬間，地鐵已重新啟動……女人失魂落魄地回到家，門鈴響了。女子打開門，男子微笑著手捧鮮花出現。這時候畫外音響起：今生不會再錯過——雅虎搜索！

為策劃的事我還特地去找馬總尋求幫助。馬總教育我：「每個人都會認為自己的策劃是最好的，這時候我發表意見不合適，既然讓張Sir拍了，就由他定吧！」

最後，我的這個創意被張Sir否決了，他選的是後來大家看到的那個《前世今生篇》的版本，廣告的具體內容是：一位考古工作者經常夢見一位古代美女被人推下懸崖，一天他獲悉某地發現了一具唐朝古屍，便立即去考查，最後透過一塊玉佩得知這具古屍正是常在他夢中出現的唐朝美女。前世，考古工作者與此美女相戀，唐朝美女的姐姐因妒忌而將妹妹推下了懸崖；而今生，姐姐依然是這位考古工作者的妻子。考古工作者設法回到古代，

阻止了謀殺，因此改變了因果。等他回到現代，妻子一轉過身來已變成了妹妹。

在馬總與三大名導簽約之後，雅虎和華誼兄弟傳媒集團便聯手推出了「雅虎搜星」全國選秀活動，目的就是為三位名導的廣告片尋找女主角。歷經數月，艾力江、趙麗穎、何琢言三個幸運兒從選秀活動中脫穎而出，作為新人分別參演陳凱歌、馮小剛和張Sir拍攝的「雅虎搜索」廣告片。其中，何琢言飾演我們《前世今生篇》中的唐朝美女。

在這場選秀活動中還有個小插曲。當時「雅虎搜星」的決賽在杭州舉行，何琢言在形象和氣質上都不算是最好，另外一個女孩本來更有明星氣質，甚至導演已經跟她討論過如何表演。可是就在決賽前，我和張Sir吃飯時，一個負責選秀活動的工作人員說，那個女孩其實是挺傲氣的，並舉了幾個事例。於是，張Sir聽後馬上決定換成何琢言。而在此之前，《前世今生篇》裡唐朝美女的姐姐的扮演者已經選定，就是國內著名演員羅海瓊。

《前世今生篇》中，有一個這樣的情景：考古工作者黃曉明獲悉一具唐朝古屍在某地被發現，於是立即驅車前往。廣告片中黃曉明開的悍馬車是我找一個朋友借來的，急速轉彎在大水坑的路上也是我開的。拍了十幾條，很危險，現在想起來還心有餘悸。

片子的廣告詞我們也想了很久。我曾經想出的一句廣告詞是：「搜」主義，讓你見「效」了！大家都覺得這句廣告詞寫得很好，張Sir也很滿意。然而很快，意外發生了，我們發現北京很多條街道的燈箱廣告上就有半句「讓您見『效』了！」原來別人已用過這句廣告詞了。不得已，我們又得重新思考廣告詞。

最終，張Sir還是選用了我寫的廣告詞：「得我所願，彈指一揮間——雅虎搜索！」自那以後，我在劇組就被認為是「有文化的人」。為此，張Sir還付了我好幾萬元的報酬，讓我也感受了一回「一字千金」。

就在廣告拍攝期間，有一天馬總打電話跟我說，他剛去過「新浪會客廳」，跟他一起被採訪的是一個叫作馬蘇的演員，對他相當瞭解，問了才知道是聽我說的。因為馬蘇在我們拍攝的《碧血劍》裡剛演過「安小慧」。

「『弘馬』是我的職責。」我說。

「什麼『弘馬』？」

「就是弘揚推廣馬總您呀！」

「哈哈！這個很好，繼續弘，繼續弘。」馬總大笑。

交錯的河流

2005年8月《碧血劍》開始籌備，馬總跟張Sir說，除「風清揚」外，「穆人清」也是他很喜歡的武林高手，要張Sir把角色留著，他準備親自來出演。

也許馬總只是說笑，可是張Sir當真了，讓我盯著這件事。

我隔三差五給馬總發訊息，拿拍戲各種好玩的事「引誘」他，還說「過了這個村就沒這個店了」。但最後馬總還是沒有來演，他說：「其實我是真的想去演，可是張英死活不同意啊！」

結果馬總最喜歡的兩位大俠「風清揚」和「穆人清」都是由「劍俠」于承惠老師一人給演了。于老師當時已過六十五歲，但依然仙風道骨，對武術的哲學思想也有很深刻的研究。他最漂

亮的是一臉潔白的長鬚，用張Sir的話說：「沒有一根雜毛」，「還省下了化妝費」。

雖然馬總沒有來演「穆人清」，但還是來象山探過班。

那天是海釣節，馬總帶著幾位阿里巴巴同學，探班後和大家一起乘大快艇去「中國沿海最東邊」的小島海釣。

中飯要在孤島上吃，島上啥也沒有。船上只帶了鍋子、爐子和淡水，釣到什麼吃什麼，釣不著就挨餓。

大家都覺得特別有意思，有挑戰性。

結果那天釣到最大海魚的是當地旅遊局局長，釣得最多的是馬總，阿里巴巴最癡迷釣魚的謝世煌表現平平。謝同學是阿里巴巴十八「方的」（Founder，創始人）之一，他的夢想就是「釣遍全世界」。有一回去澳洲休假，他哪裡也沒去，就在同一個地方釣了五天魚，我聽說這事後恨不得揍他一頓，這魚也釣得太「奢侈」了。

因為乘大快艇去島上需要一個多小時，所以來回的路上我們就在船上打牌「鬥地主」。

同去的還有一位著名的企業家，打牌很踴躍。他說自己打牌很有天賦，學了沒幾回就「打遍公司無敵手」了。結果幾圈打下來，就他一個人輸，五手「炸彈」在手他也打不贏。

他很鬱悶，想不明白，下船坐了半小時的車到飯店時還在問：「馬雲，最後那一副牌，如果我炸了你的三個『2』結果會怎樣？」

馬總「語重心長」地拍拍他的肩膀，說：「這不是炸不炸的問題，問題是今天和你打牌的都不是你的員工。你有沒有聽說過，局長退休的第二天，所有的『強項』頓時消失，橋牌、圍

棋、乒乓、象棋……那是因為沒人再讓他了，哈哈！」

我很想說出這位企業家的名字，為了嚥回肚裡，我還咬碎了兩顆牙齒。

有好幾年的春節，張Sir都帶李亞鵬和尤勇等演員來杭州玩，其中必不可少的「重頭戲」就是和馬雲一起看房子。他們對此樂此不疲，「桃花源」、「富春山居」……只要有人推薦，一個也不放過。

當時這些樓盤都還在建設中，春節時建築工人放假，我們就偷偷翻牆進去看實體，一天房子看下來，滿身都是灰塵。每個人的看法都不相同，比如有人認為「桃花源」好，後來就買了。尤勇卻說：「太偏了，這裡跟杭州根本沒有關係！」……

馬總有時會帶阿里巴巴的骨幹去明星下榻的飯店，讓他們和明星合影聊天，作為對他們努力工作的「獎勵」。

馬總一向很幽默，跟明星們熟了就常開他們的玩笑。記得有個明星說為了鍛鍊身體，慢慢地已經可以冬天洗冷水澡了。馬總說：「這不稀奇，你要慢慢加溫，最後可以洗開水澡，那才牛！」

有一年馬總獲得了「浙江十大經濟人物」的稱號，張Sir被邀請頒獎給馬總。頒獎前張Sir一邊和朋友吃飯一邊想頒獎詞，大家七嘴八舌，最後張Sir還是採用了我的建議：「……網路很擁擠，馬雲之所以能衝出重圍，是因為他有一副好身材……」第二天杭州各大報紙都登了這則笑侃。

2006年，《鹿鼎記》裡揚州的戲都是在觀潮勝地鹽官拍的。因為離杭州很近，所以拍攝期間我們到杭州參加了馬總的生日晚宴。馬總也有一晚來劇組探班，因為整個飯店都住滿了，

馬總就跟張Sir住同一間。第二天早上還跟張Sir打了一場高爾夫球。

由於當時兩人都剛學會打球不久，興趣較濃，所以打賭說誰輸了要雙手作揖，大聲叫對方三聲「師傅」。我記憶中他們打了三回賭，每次都是馬總小勝，張Sir為此很生氣！

馬總不僅幽默，聚會的時候還會不時給大家出一些動腦筋的小題目，當別人答錯或摸不著頭腦時，他就會開心地前仰後合，手舞足蹈。題目大多忘了，只記得其中兩個：

第一個：鬼子進村後抓了全村人，人人都得從橋上走，到橋中每人要說一句話，如果是假話就要被砍頭，如果是真話，就要被推下五十公尺高的橋，下面沒水，全是亂石。換作你將怎麼辦？

第二個：一個房間裡有三盞燈，房間外有相應的三個開關，你先在外面按下開關（看不見裡面的燈），再走進房間，這時你有什麼辦法判斷出哪個開關對應著哪盞燈？

也許這些題目放在今天大家會覺得蠻簡單，而當年剛出現時還是很為難人的。

如果說張Sir的毛筆字「不好」，那馬總的毛筆字就更「差」了。有一回全國象棋大賽在寧波舉行，張Sir和馬總同時被邀請參加開幕式。進場前需要用毛筆留筆墨，馬總很「認真」地寫出了幾個慘不忍睹的字，自己實在看不下去，就在下方署名「張紀中」，然後重寫一句，依然慘不忍睹，這回沒有署名就進場了。過了一會兒聽見後面張Sir在喊：「這字不是我寫的，寫這麼差還署我的名！我知道了，一定是馬雲幹的！」

張Sir在心底裡還是很欽佩馬總的。記得有一回，浙江為創

文化大省請張Sir來座談，希望張Sir能拍一部反映「杭鐵頭」努力創業的電視劇，劇本已在創作之中。當時杭州市作協主席是位女士，記得她說：「杭州在改革開放中以溫溫火火的態度，走出了風風火火的速度。」張Sir說：「杭州已有了最好的例子，馬雲！如果劇本能寫成像馬雲創業這麼精彩，我一定拍。」

第四章
阿里巴巴，我來了

馬雲

2008年3月，我九十三歲的奶奶過世了。我從小由奶奶帶大，最遙遠的記憶，就是五歲時奶奶教我猜謎。在給奶奶辦後事的時候，我看著父母在微風中飄動的白髮，心裡產生了深深的痛苦和無奈。正在老去的父母讓我想起一句古訓：「父母在，不遠遊。」

之後我就沒再回劇組。

等我慢慢從悲痛中恢復過來，我去了馬總家。然後，我就成了馬總的助理，直到今天。

新助理，新開始

2008年4月3日，是我到阿里巴巴上班的第一天。我穿上封存了好些年的西服，和馬總及泰國正大集團上海公司的鄭總乘坐正大安排的公務專機去呼和浩特。在飛機上，鄭總告訴我，正大集團的謝總不久前聽過馬總的一次英語演講，對他十分欽佩，堅持這次在呼和浩特召開的會議一定要有馬總參加，並囑咐兩個兒子儘快去阿里巴巴拜訪。

到呼和浩特後，我們先參觀了大昭寺。大昭寺裡沉澱著許多康熙的故事，參觀過程中我們深刻感受到了康熙的偉大——要領導一個異族，首先要做到尊重異族的文化。馬總對歷史很有興趣，時不時地問導遊幾個他記不清的歷史事件，導遊解釋後，他便點點頭，隨後陷入沉思，反覆再三。

之後，馬總與泰國的謝總及蒙牛集團的老總一起開會，探討「社會主義新農村」的建設問題。

晚餐後，我們乘原機回杭州。在回程的飛機上，鄭總告訴

我們，正大不僅做飼料，養殖業甚至電子行業等都有介入，還告訴我們中國每年宰殺的生豬有六億五千萬頭。馬總睜大眼睛，驚訝地說：「有那麼多嗎？幸好是人吃豬，如果是豬吃人，中國人兩年就被豬吃完了。」

就算每頭豬長度只有一公尺，我算了算，僅中國每年宰殺的豬，頭尾相連就可以繞地球赤道十六圈！這時我腦子裡不禁想起猶太作家薩辛格說的話：「就人類對其他生物的行為而言，人人都是納粹！」每個養殖場其實都是人類給其他動物建造的集中營，我認為。

人類「別無選擇」，但不能「心安理得」。人是動物中最優秀的動物，但人也是禽獸中最殘暴的禽獸。「素食主義」我看也不可信，萬一十年後科學證明植物解體比動物更痛苦，怎麼辦？瞎扯扯遠了！

原先在劇組，經常能聽到張Sir說：「我哪能跟你比，你還是小夥子呢！」所以一直以來，年輕就是我驕傲的資本。可是到了阿里巴巴卻發現我拖大家後腿了，我把集團的平均年齡硬生生地往上拉了N歲，這是我來阿里最內疚的事。

2008年4月中旬，馬總從歐洲回到北京，我們抽空去看了郭廣昌郭總在北京開發的兩個樓盤。郭總是學哲學的，品位跟別人就是不一樣。其中一個樓盤房子的陽臺是用銅做的，已經生鏽變綠了。郭總說這是此樓盤的主要亮點，時間越長綠色會越漂亮。

走進裡面，發現房間不大而走廊很寬。我們覺得有些浪費。郭總的理論卻是：美好的生活是浪費出來的。成功者的想法總是會與眾不同。

4月29日，馬總從北京趕往廊坊新奧集團，在這次會議上我

第一次見到了柳傳志、王玉鎖等著名企業家。中午吃自助餐時，張英打電話來問馬總吃得怎麼樣，我說馬總吃得很少，馬總「反駁」說：「那是因為陳偉幫我拿的都是他自己愛吃的。」

我說那馬總您自己去拿，結果他拿的跟我拿的基本上一樣。馬總卻狡辯說：「你幫我拿的那條魚有我這條漂亮嗎？」

5月5日，我們去香港。B2B股票上市半年了，這是第一次開股東大會。由於股價跌幅不小，之前還擔心小股東們會抱怨，結果卻很平靜，因為那時所有的股票都在跌，「覆巢之下，豈有完卵」？

股東大會結束後，馬總和上市公司的領導們在香港一家酒店聚餐，吃飯時閒聊的話題是：「人到中年最想要的到底是什麼？」

每個人都發表了自己的想法，最後輪到我，我開玩笑地說：「中年男人最希望的三件事是升官、發財、死老婆。」那是我早年不知從哪裡聽來的，大家聽了都大笑，而在場唯一的一位女性高層主管則表示了對所有男人的絕望。

5月8日，我陪馬總去莫斯科參加ABAC會議（亞太經濟合作會議企業諮詢委員會），會議地址與紅場僅隔一條莫斯科河。

5月9日是俄羅斯二戰勝利紀念日，所有的人像被磁鐵吸引，從四面八方湧向莫斯科河畔，觀看紅場的閱兵儀式。晚上我們到達聖彼得堡，那裡同樣萬人空巷，還有人沿路免費發放二戰綬帶仿品，我也領了一條，至今仍保存著。由於聖彼得堡緯度很高，整個晚上天就沒有黑過。

2003年成功抗擊SARS後，馬總將5月10日定為公司「阿里日」。「阿里日」有很多活動，重頭戲有兩項：一是這天所有員

工的家屬可以來公司參觀、用餐，並有專人講解「阿里之旅」；二是舉行集體婚禮，所有費用由公司承擔。

　　當天我們在聖彼得堡吃中飯時，馬總打電話回公司，祝參加集體婚禮的新人百年好合。他還開玩笑地說：「國有國法，家有家規，凡在阿里結婚的，婚期是有限制的，不要太長，一百零二年就行了，和公司保持一致。」

　　這是我成為馬總助理頭一個月的行程。我沒有記日記的習慣，不過我有寫大事記的習慣。現在回過頭來看，每一個日子都歷歷在目。迥別於以前生活的新的工作，就這樣開始了。

博鰲馬雲風

　　2008年4月11日，公司派五個人去海南參加博鰲論壇。到博鰲時已半夜，王帥同學路上丟失了會牌，大家都進不去。補會牌又折騰了近一個小時，入住酒店已是後半夜。

　　王帥是阿里巴巴資深副總裁、淘寶網的首席品牌官，還兼著雅虎中國的總經理。江湖傳言他在企業公關戰場上十分驍勇，是深得馬雲信任的一員愛將。但是同時，他也是一個不拘小節的「楷模」！在公司裡「王帥不帥」和「老陸不老」跟杭州的「長橋不長」、「斷橋不斷」幾乎齊名。老陸指的是淘寶網的總裁陸兆禧，他的淘寶ID是鐵木真，不過我們都叫他老陸。當然，正如上文所說，老陸其實一點也不老。至於王帥，每次看到他我腦子裡都會出現毛主席寫給丁玲的詞：「纖筆一枝誰與似？三千毛瑟精兵！」他到底帥不帥，實屬見仁見智的問題，我只知道他是我見過最瘦的高個子。

作為一員公關大將，王帥是一個文才極好而口才極不好的人。不熟悉的人可能會驚訝於後者，常常有人跟我控訴說壓根聽不懂王帥在說什麼，可是接觸多了才能感受到他的堅韌。

我個人認為王帥能有今天的成績，主要是因為他對馬總的崇拜。很多人都崇拜馬總，但王帥最甚。

許多次我陪馬總去北京出差，很晚了王帥還是會打電話給馬總，每一次都是酒後，語無倫次，也沒有具體內容。佛洛伊德曾研究「夢的解析」，如果他接著研究「醉的解析」，一定會得出這樣的結論：喝醉的時候總會想到的那個人一定是他最重要的人——崇拜的人、暗戀的人或是仇人。

馬總給王帥安排的工作從來不「具體」，但原則很明確：首先，不捏造事實；其次，不收買媒體。

之前覺得很一般，現在回過頭一看，太偉大了！我現在明白了，有智慧的人就是永遠不耍小聰明的人。想想這兩年賣牛奶的就明白了。這真是路遙知「馬」力，日久見「奶」心啊！

博鰲會議期間，最受「關注」的是馬總和李連杰，經常是幾十公尺的通道要走很久，時時會有簽名和合影的要求，連吃飯時也不例外。

馬總演講時座無虛席，平均不到兩分鐘就會被掌聲或笑聲打斷。他演講完後，美國前國務卿鮑威爾也到臺邊向他表示祝賀並交談。

鮑威爾的演講馬總也很讚賞，其中講到領導力的三點，馬總後來經常提起：「Train him, Remove him, Fire him.」（培訓他，撤換他，開除他）。

4月13日，胡錦濤總書記來博鰲，召見了馬總等青年領袖。

在召見前，青年領袖們被集中在一起，李連杰悄悄跟馬總說，很多人見到他說的第一句話都是：「我是看著你的電影長大的。」

　　「老天爺！」李連杰說，「很多說這句話的人年紀都比我大，這是他們認為最能表達崇拜之情的一句話，也是我最不願聽到的一句話。可是聽多了也就麻木了，哈哈！」

　　會議期間，我們還跟一個著名網站的創始人一起用餐。為了活躍氣氛，這位創始人先給大家講了個笑話，笑話講完後我們面面相覷，因為一點可笑之處也沒有。

　　接著他開始批評電影《色戒》，說一部電影需要用這麼長的篇幅去表現性愛嗎？

　　我有不同看法，說：「你沒有看懂這部電影，李安的電影都是探索人性的。他希望透過這樣的描寫告訴你，要侵入一個人的靈魂，除了信念、宗教、毒品外，可能還有性愛。女人就是從肌膚直通心靈的動物。」

　　馬總說：「我同意陳偉的看法，其實我還是蠻喜歡李安的。」

　　我回杭州後在公司內網上發了第一篇文章〈博鰲馬雲風〉，後來被登在了首頁。

　　原先首頁都是登公司新聞的，如「某某領導來訪，公司某某陪同參觀」之類。而我的文章完全屬於不同風格，比如插圖是鮑威爾的一個龐大背影，圖解是：馬總就站在鮑威爾的對面，雖然我們看不到他，但他告訴我們如何用縮小自己的方式去贏得更大的空間。

　　過了兩天，馬總和阿里巴巴CEO衛哲去了南京，回來後我

又在首頁發了一篇〈南京信號〉。這時馬總已去歐洲，他電話裡特別提醒我千萬不要以娛樂界的方式去「娛樂」政府。

我是網路白癡

當時公司旗下口碑網有一個項目正在「革命聖地」湖畔花園封閉開發（編按：亦即開發團隊離開辦公環境，到一個特定的環境集中工作）。說起湖畔花園，可能很多人只知道那裡原來是馬總的家，後來阿里巴巴成立的時候，那裡成爲辦公室。2003年淘寶網秘密研發的時候，十幾個人的團隊也是躲在湖畔花園工作了幾個月，才把淘寶網搗鼓出來。後來，這間三居室的房子就成了公司的「革命聖地」，但凡有什麼新項目要研發，革命的火種都是從湖畔花園燒起來的。

某日，口碑網一個項目組的領導邀請我去湖畔花園「指導」工作。我有些詫異，剛來幾天的我能指導他們什麼？我去後，他們給我看了設計的產品，並很謙虛地問了我很多關於產品的看法。當時我還洋洋得意，做出了許多自以爲非常重要的指導。事後我才知道，這些都是馬總安排的，而其原因讓我很受傷。因爲之前馬總是這樣對他們說的：「要有更多的客戶，就要把網頁做到極致的簡單，要讓從前不上網的人一來就會用。現在整個公司裡只有陳偉一個網路白癡，讓他來看，他看懂了，說明產品可以上線了。」

後來，我知道這樣說其實已經算給我留面子了。馬總跟我說過：「在公司裡成長起來的管理人員，哪個沒有把臉皮當拖把在地上拖過，拖過你就不會不懂裝懂，就會腳踏實地。」

之後我逢人就說我是網路白癡，結果周圍的人都爭著幫我，現在至少我每天能打出好幾個字。

　　當時負責開發這個項目的是李俊凌同學，現在是阿里巴巴集團副總裁。該同學被公認為是阿里集團最會讀書的同學，從小跳級，一直跳到史丹福讀博士，現在出去見人，我都這樣介紹他：「雅虎」創始人楊致遠的同班同學，楊致遠之所以博士沒有念完，是因為他不能接受班裡有個跳級多次，比他年紀小很多的同學。

　　李俊凌之後換過很多部門，做什麼，愛什麼。在每一個部門他都對我說過：「陳偉，這，才是互聯網的精髓。」所以今後假如有人問你，什麼是互聯網的精髓？記得回答，李俊凌負責的就是互聯網的精髓。

　　李俊凌同學經常被邀請做分享，題目你可以隨便出，內容他只有一套。他的原理是：三個右轉彎等於一個左轉彎。不論你給什麼題目，三句話之內他都能轉到他要講的內容上。

什麼是助理

　　身為馬總的助理，最重要的工作便是陪同馬總到各地去參加各種活動。

　　除了陪同馬總在各地開會、考察或接受探訪，我還有一項重要工作便是處理馬總的信件和包裹。

　　在公司，我每天的「必修課」是拆看所有給馬總的來信，接聽陌生人的來電，或「接見」「不速之客」。

　　如果陪馬總出差回來，信件會堆成小山。

我常跟同事說，在阿里巴巴最愚蠢的事就是寫信給馬總告我的狀。因為給「皇上」的所有「奏摺」都會落到「本公公」手裡。

　　我有時也會接到很激動的電話，問：「您是馬雲先生嗎？……」因為馬總記不住自己的電話，而能記住我的電話，在外被圍堵時馬總常會發名片給大家，當發現名片上沒有手機號碼時，有的人就會詢問，這時馬總就把他記得很熟的我的號碼報給人家。

　　經常也會收到類似這樣的簡訊：「馬總，我就是上週跟您同班飛機去香港的……」

　　有個大學生每週來一封信，寫了七十多封，字不錯，從大學一直寫到工作。由於信上沒有聯繫方式，我能做的就是每週看他的「週報」。

　　另有一封：

「馬總，我跟您很像，首先我也叫馬雲……」

　　（信後附有身分證影本。影本顯示，這位同學果然和馬總同名同姓。）

　　又一封：

「馬總，我跟您有相同的經歷，我已教了五年書，現在我決定跟你一樣……」

　　又一封：

「馬總，我跟您有相同的挫折，我也考了三年大學。不同

的是你第三年考上了，而我依然沒有考上……」

又一封：

「馬總，我雖然一無所有，但我還是決定要創業。我要把
其中一顆腎臟賣給你，我留一顆就夠了……請相信我，
『獨腎』創業者將來會成為『獨孤求敗』。」

也有的直接寫了張收條，留下一個銀行帳號。我記得最多
的一張寫著六千多萬元。

就在前不久我還收到一封「小行星命名（馬雲星）函。」

編號：22××××
直徑：4km
當前距離：離地球4.5億公里
……

當然，真摯感人的信也很多。比如：

「馬總，您好！我是廣州分公司的林××……今天，我雖
然離開了阿里，自己創業，但我一直認為我還是阿里的一
分子，阿里巴巴六大價值觀深刻地融入我的骨髓裡，也融
入我現在的企業裡……希望有一天我的企業也可以像您說
的一樣，成為一家有社會責任感的公司！……最後送上我
親手製作的卡通花束，表達我對您的敬意……」

對於一些創業者的來信，我會透過簡訊或郵件給予鼓勵。
其實他們都是我的偶像，我把從馬總那裡聽來的話發給他們：

「永不放棄」、「上帝只救自救者」、「不要給失敗找藉口，要給成功找方向」等等。之所以說他們是我的偶像，是因為我知道他們的內心遠比我強大，我只是傳傳話，我自己根本做不到像他們那麼努力地去創業。

如最近我收到的簡訊：

> 「陳先生，您好！我是××，一年前曾去貴公司冒昧拜訪，很感謝您當初的指導，這一年多我輾轉波折，去過很多地方，現在回到了天津，做了一家軟體發展公司……」

收到這樣的簡訊，是最讓我高興的事。

除此之外，五花八門的來訪者也歸我這個「御用閒人」接待。有一次公司來了一位女士，是我們「誠信通」的客戶，「投訴」我們的「旺旺」只能同時線上五百家客戶，說這影響了她業務的發展。我們找了很多人跟她談，也查了她的資料，她總共就只有十幾個客戶。可是她就是不走，還在前檯住了三個晚上，警衛還定期給她買盒飯。最後我們確定她精神有問題，打了110才把她帶走。

還有一次，有一個老先生到前檯，說馬總是他乾爹。我覺得他的年紀做馬總乾爹還差不多。

還有一些人自稱是「馬總朋友」，見了他們，他們才說其實是因為賣了假貨或炒作了信譽，網店被封了，急了！他們一般還會加上一句：「別人比我違規的次數多得多了。」

我說：「你把他們告訴我，查實後我們會把他們的店也封了。但是，不能因為有殺人犯逍遙法外，你就可以強姦婦女，這個道理你應該懂吧！我所能做的是幫你複查一遍，如果處罰真的

過重會酌情考慮的。」

有一天，有一個小夥子來，說他是馬總的外甥，要見馬總。我告訴他馬總的外甥我認識。他離開後打電話進來：「我知道你這種人，別人給錢你就安排見馬總，不給錢你就不辦。」

又有一個青年到公司，把給馬總的信交給前枱，說一直會等到馬總見他，並要讓史玉柱、柳傳志等一起來開會，討論世界經濟問題。我去見他，跟他說：「你的信我看了，首先我幫你糾正一下，現在全世界人口不是三十億，而是六十七億，接下來我們一起來看看你信裡的錯別字……放眼世界非常好，但腳踏實地更重要。」

糗　事

毛主席說過：「一個人做一件好事並不難，難的是一輩子做好事而不做壞事。」我自己延伸出三層意思：做對一件事，不難；一直做對事，不算太難；一直不做錯事，那是難上加難。

2008年5月，我陪馬總在莫斯科參加ABAC會議。馬總講的英文我是能聽懂的，當然，因為我的英語就是他教的嘛！可是老外講的，特別是當裡面還有很多專業術語時，我就完全聽不明白了。好不容易耳朵裡鑽進一個「半生不熟」的詞，等我想明白了，發言的內容已經跑出去「兩里地」了。那天早晨，我聽了五分鐘就出了會場，走過大橋，來到紅場。

踏著十五世紀的條石，徜徉在紅場的薄霧裡，來自不同國家的青年男女旁若無人地相擁。走過莫斯科保衛戰的檢閱台，想像著克里姆林宮裡一代又一代沙皇發生的故事。腰粗得轉身都很

艱難而依然笑容可掬的俄羅斯婦女，正在叫賣永遠猜不出有幾層的俄羅斯娃娃……

　　暢遊在這凝結著俄羅斯歷史更迭成本和鮮血的紅場，我完全忘了我還有工作。我回到開會的飯店時已是下午，會間休息時我見到了馬總。馬總問我：「陳偉，我好像記得今天還有別的安排，有嗎？」

　　這時我突然想起，好像約了俄羅斯著名網站Yandex的CEO和CFO在飯店見面，時間是上午十一點，而我完全忘記了這件事！我馬上透過國內馬總的秘書聯繫到對方，對方說他們在飯店原定會面的地方等了一個小時，見沒人來就離開了。我千道歉萬道歉，對方終於同意在他們公司重新會面，否則我真不知道怎樣向馬總交代了。

　　2008年5月27日，我陪馬總去廣州。下飛機後領取托運行李時，我看到一個差不多的黑色行李箱就拉走了。門口的檢查也形同虛設，看都沒看就放我過去了。車開到半路上，機場透過訂票紀錄千轉百回聯繫到我，說我可能拿錯行李了。我想不可能啊，打開箱子一看，全是女性用品！

　　馬總看著箱子裡的東西，笑著送了我兩個字：「愚蠢！」

　　事後馬總開玩笑地說：「還好是在車上打開箱子，如果在機場打開，萬一又有八卦的記者在場，說馬雲的行李在廣州機場被查，發現裡面裝的全是女性用品，這下他們就有無限發揮的空間了。」

　　除了馬總嘲笑我，一同去廣州總裁辦的聞佳，我最要好的女同學之一，一路上也拿這事開我的玩笑。她訂的回程航班比我們早一個晚上，當我陪馬總第二天一早趕到機場時，看見聞佳還

在！她臉色蠟黃，披頭散髮地說：「一夜雷雨，飛機沒有飛。」我「無比同情」地拍拍她的肩膀，腦子裡卻冒出一句英語：「Justice was done!」（正義得到伸張！）

當年跟張Sir拍戲時，我們是「野外工作者」，所以說話都很大聲。而且當時劇組的文化也是那樣，說話大聲說明你有激情，回答大聲說明你能把工作做好。

剛到阿里巴巴的時候我沒有注意，還是經常大聲說話或在馬總身邊大聲地打電話。馬總有一次對我說：「陳偉，你是打電話還是打雷！你聲音這麼響，很多次都把我的思路帶到你電話的內容裡去了。」

雖然我開始意識到這個問題，但這個問題就像阿里文化一樣「又猛又持久」。

有一次在廣州，馬總爲第一屆「網貨交易會」的事跟相關領導會談，馬總和領導在裡屋會談，我在外面的房間等著。這時恰好公司「神童」李俊凌打電話給我，由於訊號不太好，所以我說話比之前還要大聲！裡面的領導輕輕地跟秘書說：「去看看誰在外面吵架。」秘書出來跟我打了招呼，進去彙報：「是阿里巴巴的，沒吵架，是打電話。」

領導的水準就是高，馬上說：「阿里巴巴眞是個有激情的公司，從員工打電話的音量上都可以感覺得到！」

過了好幾個月，我自以爲這個毛病已經改好了。有一天，我在車上問馬總：「馬總，我現在打電話是不是好多了？」

馬總送給我四個字：「依然很響。」

關於電話的糗事還沒完。爲了不影響馬總，跟馬總一起的時候我都是把電話調到靜音狀態，可是分開時有時會忘了調回來。

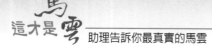

　　有一回在北京,晚上活動結束後,馬總回房間去了。我的手機開在靜音狀態,忘了調回來。馬總有事連打三通電話給我,我都不知道。馬總是十一點前後打的,我是十二點半才發現的。大家設想一下,當時的我是多麼煎熬:不打回去,也許馬總一直在等我;打回去,可能馬總剛睡著又被我吵醒。

　　我為此糾結了一夜。這樣的事還不只發生過一次。

　　馬總出差張英都會為他準備護臉霜,那些都是張英每次出國時專門為馬總帶回來的,並不便宜,結果都被我散播到祖國的大江南北了。因為我幫馬總退房時,總是忘了把護臉霜帶回來。我退房時一般只檢查三樣東西:電腦、衣櫃和保險箱。

　　有一次我主動跟馬總承認錯誤:「我的錯誤歸納起來只有一個,那就是堅持錯誤。每犯一次錯誤,我就在地上放一塊磚,於是便有了長城。」

　　另外一次去北京,因為就出差一天,所以馬總沒有辦行李托運。我忘了,把自己可以隨手帶的小箱子托運了。到了北京機場才知道自己又犯錯了。等行李的時候張英打電話來問:「到哪裡了?」

　　馬總:「還在等行李呢!」

　　張英:「你不是沒有托運行李嘛!」

　　馬總:「陳偉有。」

　　我頓時感覺無地自容。這次馬總在北京的行程非常緊湊,不等行李都可能會遲到。那次等待是我人生中最漫長的十五分鐘之一。

　　2008年9月27日,「神舟七號」出艙那天,我陪馬總參加天津夏季達沃斯會議。那天有安排馬總與英國大臣單獨見面,我看

行程表裡寫的是「meeting room 3」，就在約定時間把馬總帶到了「第三會議室」。到了之後發現裡面有幾百人在開大會，急得我一身汗。

馬總問：「你確定是這裡嗎？」

「寫的就是meeting room 3。」我回答。

馬總轉頭就走，結果我們在第三會客室找到了英國大臣。

事後馬總跟我說：「這麼大型的會議，meeting room就很可能是會客室，人家怎麼會安排在大會議室跟我們見面？」然後開玩笑說：「以後在外面別說英文是跟我學的，我丟不起這個臉。」

還有一個搞笑的錯誤。那天我陪馬總跟幾個企業家在聊太極，中途我上洗手間時，另一個同事用我的手機給馬總發了一則跟當時談話沒關係的簡訊，馬總回覆：「你來說吧！」

我回來看到馬總的簡訊，以為他講累了，讓我多說說，於是我就很不客氣地「吹」上了。

事後馬總對我說：「陳偉，你今天怎麼這麼興奮？」

我說：「馬總，不是您發簡訊讓我多說的嗎？」

等馬總弄明白原因後，他也笑了。

今天我把這些糗事都寫出來的時候，心裡一陣輕鬆。因為那些曾經讓我痛極一時的「魔鬼」們，終於被「綁」在一起，成了我「做菜」的「佐料」。

其實每個人都會犯錯，只是當你還不夠自信時，你不一定敢說。

古人說：「聖人有三錯。」明朝呂坤的《呻吟語》中有：「有過是一過，不肯認過又是一過；一認則兩過都無，一不認則兩過不免。」

馬總就沒有糗事嗎？有。2009年11月，李連杰邀請馬總參加「國際慈善論壇」，地址在北京國貿的萬豪酒店。我們從前面一個活動趕來，到酒店時離馬總演講已不足五分鐘，去房間換正式服裝已來不及。馬總快步走向洗手間，在進門的一瞬間，我從後面一把抓住了馬總——馬總此時推開的是女廁所的門。

突然想起兩句關係不大的話，也分享一下：

「上帝在賜給我們青春的時候，也賜給了我們青春痘。」

「物品不會死，因為它們從來沒有活過。」

把自己犯過的錯誤公開，其實是很好提升自己的方法，比如我現在打電話的聲音只有對方能聽見，連我自己都聽不清（開玩笑）。

第五章
忙碌的阿里人

馬雲

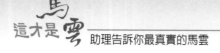

　　馬總出差的頻率非常高，遠遠超出我入職時的預期。記得有一個月僅北京一地就去了四回，每天醒來第一件事就是要搞清楚自己在哪裡。

　　馬總的工作節奏也很快，每天參加的活動和會見的人我數也數不過來，所以只能選取其中的一小部分跟大家分享。

忙碌的2008年

　　2008年6月2日，我陪馬總從廊坊到北京。之前已通知公司四位高層主管到北京，跟隨馬總參加後面兩天的活動。

　　6月3日，馬總在中央電視臺一號演播大廳點評《贏在中國》總決賽。那天還有柳傳志、牛根生、俞敏洪、劉永好等。這個演播大廳是我熟悉的地方，2003年帶兒子上春晚時，每天都在這裡彩排。

　　企業家們跟王利芬先到後臺簡單化妝。雖然都不是第一次上這個節目，但大家對化妝還是有點排斥，總能聽到有人說：「行了，行了！」或者說：「某某某，你白得有點像太監了！哈哈！」

　　王利芬說：「為了全國觀眾，你們就忍一忍吧！」

　　候場的時候大家坐在一起聊得很放鬆，很隨意。

　　馬總那天穿了一件深色立領的衣服，相當帥！點評也很精彩，網上都能查到。我印象最深的是馬總點評「海龜」創業者的一句話：「一隻『海龜』，如果沒有經過兩三年的淡水養殖，是很難存活下來的……」

　　6月5日，馬總去北京大學見了校長許智宏，之後張維迎陪

馬總參觀了北大奧運會乒乓場館，還談妥把光華學院裡最大的一個演講廳命名為「阿里巴巴廳」。馬總事後開玩笑地說：「萬一阿里巴巴活不到一百零二歲，北大應該沒問題，那樣阿里巴巴的名字還在。哈哈！」

當晚，馬總在光華學院做了演講。

第二天，馬總又在北京另一所大學的商學院做了演講。

馬總演講時我和同去的四位高層主管坐在第一排聽講，期間坐在我旁邊主管「誠信通」業務的副總裁吳敏芝湊過來看我做的筆記，看後她差點爆笑出來。因為她記錄的是馬總的管理思想和理念，而我記錄的是：「一隻豬，假如長到了五千斤，那牠已經不是豬了……」

回來後我在內網發文〈馬總經典語錄〉，記錄了馬總演講中的話並做了注解。吳敏芝看了內網後發訊息給我：「我現在明白了，你我分工不同。」

6月份有一次在馬總家閒聊，我說：「人的心臟一輩子大致跳二十五億次，從來不停。看起來好像很辛苦，其實心臟是所有臟器中『休息』最好的，因為它每工作『0.1秒』就休息『0.8秒』，壓縮時工作，舒張時就是放鬆休息。所以勞逸結合是很重要的，一個從早到晚搬磚的人，沒有比搬半小時休息半小時的人搬得多。」

馬總聽後馬上想到了員工在公司裡工作很辛苦，讓他最心疼的是「誠信通」和「呼叫中心」的同事們。馬總說：「心臟的工作形式可以借鑑，我要跟他（她）們領導談一談。」

2008年7月30日，我陪馬總參加香港菁英會。

馬總演講從來不事先做文字準備，但通常提前十分鐘左右

2008年，馬總在香港菁英會上演講

會拿一張紙，簡單寫幾個字作為提綱。那天馬總坐在第一排，而我坐在會場的最後面。演講開始前不到五分鐘，馬總突然發簡訊給我：「毛主席哪句話？有水，兩百，三千？」我當時不知道毛主席說過這樣的話，趕緊跑出會場打電話給王帥。王帥告訴我：「自信人生二百年，會當水擊三千里。」我馬上發給馬總。

結果第二天，香港的每一份報紙上都印有這句話。

回杭州後，我把毛主席的詩重新看了一遍。從他小時候讀私塾時寫的〈井〉——「天井四四方，周圍是高牆，清清見卵石，小魚困中央，只喝井裡水，永遠長不長」，到1973年批評郭沫若「勸君少罵秦始皇，焚書事業要商量」，沒有發現哪首詩裡有那句話。網上雖然有這句話，但沒有出處。後來在一本書的注解中我查到了：毛主席在1958年曾對自己從前寫的詩做過自注，

在注解〈沁園春·長沙〉時，毛主席寫道：「當時有一篇詩，都忘記了，只記得兩句：自信人生二百年，會當水擊三千里。」

回來後，我在內網發文〈香港菁英會側記〉：

香港菁英會成立於2007年5月，其中很多骨幹是香港名門望族的年輕一代。7月30日，菁英論壇在香港會展中心舉行，馬總應邀參加，並做了題爲「青年的機遇與責任」的演講。

十多年前，在維多利亞港灣的南岸，填海建造了會展中心，形如「大鳥」，面向大陸，展開雙翅，寓意香港飛回祖國的懷抱。徜徉在「大鳥」邊，我突然頓悟：北京奧運主場館爲什麼是「鳥巢」？火炬爲什麼是「祥雲」？因爲「大鳥」飛上藍天需要「祥雲」引路，而其神往之處便是「鳥巢」。

論壇在「鳥頭」裡舉行，由已成爲鳳凰臺副臺長的吳小莉主持。歲月更迭，「媚」力依舊，可她的「尺寸」卻是我想像中的1.2倍。她上臺第一件事便是讓工作人員將麥克風提高十五公分。

特首曾蔭權、博鰲秘書長龍永圖先後講了話。其間還有經濟界的專家們做了演講，據說都是赫赫有名的人物，可惜我都不認識。

吳小莉是浙江紹興人，所以每次提到馬總都會加上一句「我的老鄉」。馬總壓軸演講，正如大家期待的那樣激情四射，妙語連珠！馬總的演講以毛澤東的詩句作結束語：自信人生二百年，當會水擊三千里！

演講結束後，吳小莉對馬總說：「你演講時我一直在猜你後面會怎麼說，可每一次我都猜錯。你的思維永遠在我的預料之

外！」

　　值得一提的是，從第一晚接機到整個活動結束，一直陪在馬總身邊的還有一位馬總的朋友，英俊瀟灑、待人謙和的香港菁英會副主席霍啓剛——霍英東的長孫。

　　馬總演講沒有文稿卻妙語連珠，這永遠是讓企業家們欽佩和羨慕的事。在南京的「雲峰基金」會議上，同一輛大巴上的企業家們又談到這個問題，馬總說：「我很早以前也念過稿子，一頁紙念錯六個字，而且節奏也不對了，丟過很大一次臉，從那以後我就不念稿了。」企業家們聽了都大笑。

　　8月初，我在一次小部門的活動中，模仿李揚的聲音反派表演希特勒攻打莫斯科前的演講，詞大多是我自己編的：「士兵們！前方就是莫斯科。史達林沒有把我們放在眼裡，就在今天早上，他還在紅場搞什麼閱兵大典。我不能保證他能見到明天的太陽，但我能保證明年的太陽一定會照在他的墳上……士兵們！去莫斯科，去紅場，洗去你們戰爭的硝煙吧！」

　　第二天，我陪馬總去上海，在車上我抽空模仿給他聽。馬總聽得哈哈大笑。我就說：「馬總，您模仿幾遍也會像的。」

　　「眞的嗎？」馬總很童趣地問。

　　「一定的。」我說。

　　「士兵們……士兵們……」馬總一邊模仿一邊笑，「我模仿得不像。」

　　馬總緊繃的神經很需要一些「士兵們」來放鬆，我以爲。

　　2008年的「十一」長假，馬總在西安召開淘寶高層會議。白天帶大家參觀古蹟，晚上請當地歷史系教授講解秦國的興起和

滅亡，以及唐代的興衰。借古說今，討論淘寶的戰略，大家收穫
不小。其中馬總對王翦領六十萬大軍滅楚、巧釋秦王疑心的典故
有自己的看法：「秦王比王翦要厲害得多，他根本不會因為王翦
要封賞就認為他貪財而不會造反。再借王翦十個膽他也造不了
反，秦王有太多方法可以控制他了。寫歷史的人眼界和水準只到
王翦這個層次，所以才會這樣寫。」

　　10月17日，我陪馬總到廊坊聽專家講課，當時石油價格最
高到了每桶一百四十七美元，之後一直在高位徘徊，已超出「煤
轉油」的成本。據說第二次世界大戰時希特勒就做過「煤轉油」
的事。

　　10月18日，馬總參加「長安街上的中國燈籠」──北京銀
泰中心的開張大典。銀泰中心是長安街上最高樓，有249.9公尺
高。當晚，成龍、李冰冰等明星悉數到場。

　　晚會中有一個重頭戲是俄羅斯蜘蛛人沿外牆攀樓。由於觀
看的人群迅速湧來，長安街交通立即癱瘓。很快地警察趕到，把
蜘蛛人帶走了。

　　事後企業家們都問銀泰負責人：「怎麼事先沒有跟相關部
門溝通好呢？」

　　負責人說：「長安街根本批不下來，能爬多少算多少，你
們看全世界的報導，所有的蜘蛛人最後都是被警察帶走的。」

　　想了想，的確也是！

　　第二天，我陪馬總趕往上海復星集團總部開會。會上只有
柳傳志一個人穿正式服裝，他發言抱怨說：「通知說要穿正式服
裝，結果只有我一個人穿。問他們怎麼回事，還說現在中南海的
正式服裝都改了。」說得參會代表們都大笑，因為在場的都是企

業家老朋友。

　　會後去城隍廟吃晚飯，是分餐式的。我坐下不到十分鐘，一條大海參剛端上來，還沒來得及吃一口，馬總接了通電話，說杭州有事在等他回去處理。馬總馬上站起來說：「出發，我們回杭州。」

　　後來每次去城隍廟，我都會想起那條沒吃成的大海參。

　　10月24日，馬總應邀去河南，這個中華民族的搖籃地馬總和我都是第一次去。杭州忙完已是晚上，趕最後一班飛機到鄭州。馬總想馬上入住酒店休息，可是當地領導已安排了夜宵等著我們，盛情難卻。

　　領導問馬總來河南最想去的地方是哪裡，馬總說：「嵩山少林寺和太極陳家溝。」不愧是武俠迷！

　　因為第二天活動結束馬總就要趕往北京，沒時間去少林寺

馬總和釋永信交談

或陳家溝了。不過主辦單位還真有心,特別邀請了少林寺方丈釋永信第二天與馬總共進早餐。

第二天早餐前,馬總和釋永信先在飯店會議室會面。一個是最「武俠」的企業家,一個是最「商業」的武林門派「掌門人」。談話的內容我已記不太清,只記得釋永信方丈說:「不管別人怎麼看,我就是要想盡一切辦法把少林武術和文化推向全球。」

當天上午,馬總在「河南青年創業大講堂」演講。火熱場面超過預期,前來的大學生有一半都無法進入會場。演講結束後,馬總在數十位警察和警校學員的保護下艱難離場,我們接著趕往北京。

由於這次演講,回杭州後我忙碌許多。來自全國各地大學的來函、來電劇增,都希望馬總去演講。更有山東、安徽等地方

2008年10月,馬總在「河南青年創業大講堂」演講

的學生代表直接來公司邀請。由於馬總事務太多，我只能對他們好言相勸、婉言謝絕，並希望大家能諒解。

11月7日，我陪馬總參加上海「中美互聯網論壇」。我只記得美國駐上海的美女領事說：「就在上海附近的杭州，Jack和他的團隊建立了世界上最大的B2B網上平臺，淘寶也已經是亞洲最大的C2C網站。」

12月初，杭州還不冷，我陪馬總到北京。北京的夜晚很冷，下飛機後我問機場工作人員：「北京今天幾度？」

「攝氏三、四度吧！」

「哦，剩下沒幾度了。」我想開個玩笑。

「跟我們的股票一樣，剩下沒幾塊了。」馬總也開玩笑。但馬總接著很認真地說：「但我不會因為投資者去做任何短期的救市，我就是要全力幫助中小企業過冬，股價回來是遲早的事。」

12月6日，《企業家》年會在北京舉行，早上我給馬總買了份報紙。報紙上說北京的某個湖裡有一隻鴨子被冰凍住了，而且還有照片。

馬總的演講就從這隻鴨子說起：「今天北京的報紙上登了一隻大傻鴨，被湖面上的冰給凍住了。因為牠沒有料到今年的冬天會那麼冷，而那些有準備的鴨子提前上了岸，於是就安全了……金融風暴也是如此，來了並不可怕，可怕的是沒準備……我說過金融風暴最黑暗的時期已經過去，那是因為半年前烏雲密布而大家渾然不知，那是最可怕的。現在雖然雨很大，但大家都在關注，就會慢慢好起來了……」

會議用餐時，突然聽見有人喊我「陳爸」，原來是雜誌社

裡的杭州女孩臻。她之前爲報導網商大會，曾「潛伏」在我公司半個月，還志願做很辛苦的「天使」工作。

之後我和雜誌社的人都混得很熟，她們也會問我一些關於馬總的問題，比如：「馬總現在越來越帥了，那他還會說『人的長相和智商成反比』嗎？」

我回答：「與時俱進，馬總現在改了，他說『假如帥是一種錯，我願意一錯再錯』。」

還有人問：「馬總近來身體好嗎？我總覺得他越來越瘦了。」

我說：「你的發音不標準，那個字不念『瘦』，念『帥』，『師—屋—愛—帥』。」

還有人說：「馬總比歌星、影星還要明星，到哪裡都引起轟動。」

我開玩笑說：「那還是有區別的，明星卸了妝就認不出來了，馬總化了妝還能被認出來。」

還有人說：「別的企業家每年年會見到都老了一些，就是馬總，這些年來都沒變過。」

我說：「其實馬總也一直在長，但長的都不是年齡。」

她們聽了都笑。

郭廣昌在會議期間也幫著「看護」馬總。當有人群湧來要和馬總拍照，他會護著馬總，然後說：「馬雲的肖像權本公司已經買下了，要拍照的先排隊買票。」

記得有一天，我跟馬總說：「馬總，我總結了幾點您演講的技巧……」

馬總打斷我：「你覺得我講話有用技巧？」

我於是辯解：「技巧是演講家『具有』的，一知半解的人去『歸納』的，然後教給永遠學不會的人聽的。」我接著說，「就好比語法，在成長過程中不知不覺就『具有』了，但有人去『歸納』起來，然後教給老外。」馬總聽了笑笑，不知是同意還是反對。

12月31日上午，中科院路甬祥院長一行來訪，馬總陪同參觀。見到路院長我倍感親切，我讀浙江大學時路院長正是校長，畢業證書上也蓋著路校長的章。

下午，「江南會大講堂」第一次開課，馬總給在座的企業家們開講這第一課。

這天馬總還交給我一個任務，希望我在來年幫他找一個好的太極師傅，馬總想把他練過很多年又斷了很多年的太極重新撿起來。馬總想來年撿回的東西還有圍棋，不過在張英和大夥的一致反對下，馬總覺得「反對有理」，於是放棄了。

傍晚，馬總去各子公司給員工們拜年。員工們見到馬總都很激動，排著長隊依次跟馬總合影，很多員工還打電話給家人：「我跟馬總合影了！」

晚上，馬總帶著公司元老們去靈隱永福寺守歲，辭舊迎新。

永福寺本身就是一個清淨的地方，而在這個冬天的夜晚更顯得空靈。聽月真法師講講佛法，又聽馬總談談哲理，大家忘掉了世俗的煩惱、工作的勞累，心靈獲得了平靜，靈魂得到了提升。

2009年那些事

　　1月20日，我陪馬總在北京國家體育館參加「2008中國經濟年度人物頒獎晚會」。晚餐時間大家統一都在館內用自助餐，與我同桌的一位很面熟，想了想，是體操王子李寧。另外還有一個很漂亮的小姑娘，是奧運會開幕式上唱歌的林妙可小朋友。晚會的內容電視都播過了，我記憶最深的是某獲獎企業家上臺後說的一句話：「企業就應該當兒子養，當豬賣。」不過好像後來「豬」沒有賣成。

　　2月5日，我陪馬總去上海青浦參加阿里巴巴B2B全國區域經理會議，會上馬總風趣地說：「公司裡每一個人的夢想就是我的夢想，把車買回來，把房買回來，把想娶的娶回來，把想嫁的嫁出去，把不想娶或不想嫁的也都搞定⋯⋯讓我睡得著的是『老區』，讓我睡得香的是『新區』⋯⋯」

　　2月17日下午，馬總在北京郵電大學電信學院講課。

　　提問環節有學員試圖挑戰馬總：「有人說阿里巴巴就是馬雲一個人忽悠成功的公司，你自己怎麼看？」

　　聽到這個問題，我當時心裡有些緊張。

　　馬總回答：「我真希望自己有這樣的忽悠能力，可惜我沒有。忽悠是把自己不相信的講給別人聽，而我一直都堅信，那不是忽悠，而是一種信念！」

　　臺下一片掌聲。

　　4月25日、26日，馬總在北京參加華夏同學會第十二次會議。

由於會場周圍沒有什麼好玩的，我就坐在裡面聽聽，還做
了簡單的筆記。

以下是部分參會人員的觀點。

柳傳志──
「PC行業是一個毛巾擰水的行業，又有點像穿草鞋的行
業。」
「如何讓職業經理人具有事業心是一個問題。企業文化就
是要培養員工從有責任心到有上進心再到有事業心。」
「企業是否多元化主要看組織架構，看有沒有人，要考慮
領導人的『精力』資源。」

劉永好──
「八億農民，一億四千萬在城市打工，六千萬在做小生
意。養豬虧本是因為規模養豬搞不過兩億不計成本的散
戶。毛主席說：『關鍵問題是教育農民的問題。』」

陳曉──
「黃光裕出事不會影響國美的經營，國美的商業模式是
『不差錢』的，因為跟廠家結算的週期比商品在超市裡的
週期要長。」
「國美要改變是被馬雲逼的，但那不是一場革命，只是模
式的改進。」

馮侖──
「外企是按菜譜做菜而不會自己寫菜譜。」

馬雲——

「辦企業就是要有理想主義和浪漫主義。」

郭廣昌——

「馬雲是超級理想主義和超級現實主義的集合體。」

馬化騰——

「原以為搜索是互聯網最完美的模式，現在覺得任何模式都有缺陷。」

某教授——

「四年內房地產賣了八兆元，貸款三兆元，三年可以還完，非常沒有危險。」

某銀行專家——

「1998年，中國全部銀行從技術的角度來講都瀕於破產，靠強大的政府力量支撐著。2004年銀行改制，之後兩年大多數銀行成功上市，從此前途平坦。概念創新比產品和技術創新更加深層次。」

5月15日微軟CEO Steve Ballmer一行來訪，馬總和各子公司總裁陪同。

下午，我陪馬總趕往廣州參加首屆「網貨交易會」。

第二天一早，「網貨交易會」還沒開始，我們開車路過會場附近，路邊排著幾里長的隊伍，馬總問：「這些人在幹嘛？」我說可能是來參加「網貨交易會」的吧！馬總很驚訝：「真的嗎？哇！這麼多人！」

　　交易會開始，馬總在二十位安保人員的護衛下，在一片歡呼聲中艱難地來到會場。根據事先安排，馬總要陪當地領導進行十五分鐘的巡館。可是當馬總走到一個攤位僅停頓了五秒鐘，攤位就被湧來的人潮擠塌了，巡館被迫取消。

　　下午，馬總在館內的大會議廳演講，主題有兩方面內容：「……網貨的一個重要使命是消滅暴利，一個小皮包賣幾千元甚至幾萬元合理嗎？那都可以買好多頭牛了！」臺下一片歡呼。「……我要提醒網商要誠信經營，不要造假侵權，要爭創網貨名牌。網上的所有交易我們都有記錄，十年、二十年都還在，大家要想清楚，網商要自重，要對自己和客戶負責。」

　　結束前，馬總還穿上古裝在臺上打了一套太極拳。

　　會後我告訴馬總，幾千元一個的名牌包不是牛皮做的，馬總說：「是嗎？那我也沒說錯啊，我又沒說是牛皮做的，我只是說幾千元可以買頭牛了。」說完哈哈大笑，馬總的笑聲總是很有穿透力。

馬總在廣州首屆「網貨交易會」
上打太極

　　5月22日在上海，我陪馬總去東方航空公司跟上任不久的董事長劉紹勇談合作，也瞭解了東航的很多情況。結束後，馬總跟我說：「以後我們可以乘東航的班機了，今天跟劉董談完我放心多了。哈哈！」之前馬總不乘東航的班機。

當天中午，馬總和史玉柱一起吃午餐，地點是解放前黃金榮的住所，花園很大很漂亮，房子古色古香。

　　史玉柱是我最敬佩的企業家，我在內部分享時常說：「『大起大落』每個企業家都能做到，『大落大起』全世界做到的只有兩個人，史玉柱和賈伯斯。勝利的符號『V』也就是『大落大起』的圖形，是為史玉柱定做的。」（我說的內部分享就是拉公司不同部門的同事一起吃飯「吹牛」。）

　　馬總和史玉柱在裡屋，我和史玉柱的助理及秘書在外屋。史玉柱的幾個秘書是我所見過的秘書中最漂亮的，而助理則是最健壯的。

　　因為不跟領導同桌，我們吃飯就顯得很輕鬆。我問其中一個秘書：「小王，妳的全名叫什麼？」

　　「王菲。」

　　「哪個Fei啊？」

　　「就是那個王菲的菲。」

　　「幹嘛跟明星同名啊？」

　　「拜託！人家還叫王靖雯的時候我就叫王菲了，誰學誰啊？」

　　雖然每個知名企業家都有實力聘請漂亮又能幹的秘書，但大部分情況並非如此。之前我認為那是因為企業家境界高，不以貌取人。我現在認為那不是「境界」問題，而是出於「無奈」。有的是太太不允許，有的是不好意思跟招聘的人說，有的……這些都是我猜的。

　　企業家們的助理大多很年輕，我一直以為我是最年長的。直到2009年12月，史玉柱闊別珠海十二年後重返舊地，所有企業

家到場祝賀，在聚會時我認識了均瑤集團的總裁助理老蔡。他比我年長，我總算有些欣慰，因為我是一個不願做「第一」的人。老蔡口才很好，而且很「資深」，2004年王均瑤英年早逝時，他已經是總裁助理了。

李連杰的幾任助理都是美國長大的台灣人，前任回美國讀MBA去了，現任助理叫小邢，從小在美國跟華人習武，說話的聲音和語氣都很像房祖名。

我問他：「你的聲音很像房祖名，之前有人說過嗎？」

「房祖名？我不清楚。」

「成龍的兒子，沒聽說過？」

「噢，Jaycee，我沒有聽過他的中文名。」他說，「有啊有啊，可能是因為我們說的都是台灣普通話的關係。」

5月31日，我陪馬總去杭州最好的一家私人診所看牙。之前已經去過兩次，看牙的是一位文靜、漂亮的女醫生，一直不說需要多少費用，她說給馬總看牙是她的榮幸。後來我發簡訊給她：「朱醫師，昨晚我夢見妳了，是我該過來付錢了吧？」她回簡訊：「不用，等我夢見你再來付吧！」

6月8日，索羅斯來杭州，馬總陪同他先參觀了公司，然後在江南會給浙江的企業家們講了一堂課。

提到索羅斯，可能大家腦海裡立即會冒出一個詞——「金融大鱷」。其實很多人都誤讀了他，那只是他的一面。他做的事也都是「遊戲規則」允許的，用他自己的話說，無非是他拿「針」把「膿包」戳破，讓你知道你定的「遊戲規則」哪裡有缺陷罷了。他說他在金融風暴來之前曾幾次提醒另一位「著名」的猶太人葛林斯潘，當時葛林斯潘沒有聽他的，但下臺後葛林斯潘

馬總和索羅斯在「江南會大講堂」

跟他道過歉。此外，索羅斯還是一位大慈善家。

　　馬總與索羅斯是在2005年的達沃斯世界經濟論壇上相識的。那時馬總聽了索羅斯關於世界經濟形勢的分析，發現許多想法與自己不謀而合，透過交流兩人成了好朋友。

　　這次來杭州索羅斯還帶著兩個兒子，馬總陪同他們一起遊了西湖，當晚索羅斯及家人就住在江南會。

　　6月20日，馬總應周其仁教授的邀請作為唯一的校外嘉賓參加了北大MBA的畢業典禮。

　　馬總演講前，周教授說：「儘管我們之前給馬雲的演講命了題，但大家千萬不要幻想他會根據命題來講。如果你們下次聽到馬雲是根據命題來演講的，請相信我那一定不是馬雲，可能是一個跟他長得很像的人，儘管那樣的人也很難找……」

　　馬總上臺演講的開場白是：「恭喜各位！祝賀你們畢業於

一所偉大的學校，一所僅次於杭州師範學院的學校……」在座的學生都大笑。因為馬總畢業於杭州師範學院，他在任何場合都說它是最好的學校。

之後，我陪馬總途經香港去印度新德里，新德里的機場比杭州火車站還要熱鬧。由於我們對印度瞭解很少，所以安排了兩位國際保安公司的人員在機場接我們。他們沒有接機牌，我和他們打了招呼後準備上車，馬總很驚訝：「你確定是他們嗎？你怎麼認識他們的？」

我說：「之前他們已把照片發給我，這是我的工作。」

印度很熱，又很乾燥，每天攝氏四十五度。其中一位安保人員頭上還包著一個大大的頭巾，看得我更熱了。幸虧馬總瘦，不太怕熱。

印度最大的電子商務網站就是我們阿里巴巴。在做了一系列推廣活動後，我們飛去印度的另一個城市。印度國內航班飛機很小，只有一個入口在尾部，從地面幾個臺階就上飛機了，上飛機後發現裡面和外面一樣熱，僅有的一位空姐告訴我們飛機起飛前不開空調，並建議我們可以先拿安全須知當扇子用。

飛機終於起飛了，天氣很好但飛機很顛簸。因為馬總和衛哲都在飛機上，所以我覺得很安全。

終於到了那個城市。我看到許多車從旁邊經過，很多車外面都掛著人，而車依然飛馳前行。

很遺憾，不論在新德里還是別的城市，都沒有見到印度甩餅。

在印度期間，我去過一家中餐館，我陪馬總進去後發現餐館從廚師到服務員都是老外，我覺得一定不正宗，建議馬總去吃

別的。服務員看出了我們的想法，很熱情地用英文對我們說：「雖然我們不是中國人，但我們做的是正宗的中國菜，因為我們老闆是新加坡華人，儘管他現在不在。」

馬總聽了以後開玩笑說：「既然是華人開的，那我們就試試吧！」結果菜確實做得蠻正宗的。

離開印度之前，馬總買了幾包當地的鹽帶回國。

帶世界各地的鹽回家是馬總的一大愛好，去俄羅斯、日本、歐洲各國都一樣。在馬總看來，收藏名錶、名筆遠不如收藏鹽有意思。在馬總家吃飯，當聊到某個國家時，比如俄羅斯，馬總一高興就會喊：「上俄羅斯的鹽！」

當一小碟鹽上桌後，馬總會要求大家都再洗一次手，馬總帶頭用手蘸上一小撮鹽，放進嘴裡細細品味。每個國家的鹽雖然區別不大，但細細品味也確有不同。一邊品著這個國家的鹽，一邊談論著這個國家，感覺就是不一樣。

各位，其實收藏要的就是一種情趣，情趣並不需要用「傾家蕩產」來證明。即使你的收藏是馬總「鹽」的價值的一萬倍，那又能說明什麼呢？學學馬總吧！

馬總渾身上下都沒有名牌，服裝只要品質不錯，舒適合身就好。馬總喜歡的是「無名良品」。

馬總說：「穿『無名良品』才有初戀的感覺。」

我不解地問：「這話從何說起？」

馬總說：「如果『名』也正了，『言』也順了，那就是『老婆』了，哪還有初戀的感覺呢？哈哈！」

7月初，馬總和郭廣昌等企業家朋友去北極考察，我沒有同去。在船上無聊時馬總會講故事，馬總很多故事都只記得一半。

　　有些故事我幫馬總記著，所以馬總忘了的時候會發簡訊給我，雖然就幾個字，但我一般都知道是哪個故事，於是我發回幾個關鍵字，馬總就會立即想起來。

　　馬總從北極回來的時候說：「有時很無聊，半天就看到一隻北極熊。」

　　我開玩笑說：「馬總，北極熊更慘，可能好多天就看到你們一條船。」

　　「是的，牠們比我們更無聊！哈哈！」馬總說。

　　關於忘故事的問題，馬總有其說法。他好幾次在公開的演講中開玩笑：「我這個人腦袋小，這有兩大好處：第一，轉得比別人快，別人轉一圈，我已經轉兩圈了；第二，存不了東西，不斷清空，所以萬一哪天被『雙規』了，我什麼也想不起來。」

　　馬總對歷史很感興趣，而且這些年越來越喜歡。馬總在探討問題時，經常會聯想到歷史。雖然他不記得歷史年份，但也有

例外，我記得有一回馬總說：「1069年，王安石變法……」我當時想馬總一定是隨口瞎說了一個年份，於是我馬上查了一下，「希望」馬總是錯的，這樣我就有一次「糾正」他的機會。結果讓我很「失望」，馬總說的是對的。

所以，馬總絕不是「健忘」，只是有時「善忘」而已。

于丹跟馬總是好朋友，馬總佩服于丹的記憶力和出口成章的能力，說她「念大段大段的美文好像沒經過大腦一樣，發來的訊息也是文采了得」。

10月30日，于丹應馬總邀約來杭州「江南會大講堂」上課，結束後在酒吧喝酒，很豪爽，還總是自稱「本公子」。她經常約朋友一起出去玩，還愛玩刺激的，比如冬天去攝氏零下六十多度的地方踏雪之類的。于丹同樣非常欽佩馬總，希望每次活動馬總都能參加，可是馬總由於太忙，曾經爽約了好幾回。于丹說：「馬公子，你下回再敢爽約，以後我遇見所有爽約的人就對他說：你怎麼能這麼阿里巴巴呢？」

馬總趕緊賠不是，雙手作揖：「于公子，下回不敢了。」

馬總的另一位女性朋友就是《贏在中國》的主持人王利芬，公司幾次大型會議馬總都邀請王利芬來參加或主持。2008年9月天津達沃斯會議期間（那時我才知道，世界上除了史瓦辛格外還有施瓦布），有一天我去接馬總，車晚到了五分鐘，結果馬總在飯店大廳被「粉絲」們圍住，王利芬在幫馬總「招架」。好不容易上了車，王利芬說：「馬雲，你們幾個都是上了我的節目後才受人追捧的。現在倒好，你被『圍』，我還得當你的保鏢。」

馬總開玩笑說：「下次碰到這種情況我一定喊『她是《贏

在中國》的主持人王利芬』，也算我回饋妳。」

「拉倒吧！」王利芬笑。

也許是馬總和王利芬好幾回一起參加會議被「火眼金睛」的「群眾」看見，所以馬總在2009年減持了一小點公司的股票後，就「被離婚」了一次，王利芬也成了馬總「被離婚」的「重點嫌疑對象」。

馬總很有女人緣。有一回馬總在女企業家論壇上發言：「在座的都是女強人，中國歷史上最強的女強人有兩個，武則天和慈禧。男人和女人是完全不同的動物，看女人強不強，主要看她能不能欣賞男人、用好男人。把男人變得更男人的女人才是女人中的女人。從管理學的角度，那就是『透過別人拿結果』。」馬總接著說：「女強人往往在婚姻上都不順利，我告訴妳們原因，男人就好比食堂裡的大鍋菜，很普通，但去晚了就沒有了！女強人就好比是高級餐館的高檔菜，雖然好，但不見得有人會點，而且很快又被新菜取代了……」說得各個女強人笑得花枝亂顫。

11月底，在北京忙完了一系列工作後，我陪馬總去了香港。

這時是香港氣候最好的季節，我每天上午十點去接馬總，所以我有時間每天早早起床去爬太平山。人不多，空氣很好，向下看是維多利亞海灣。沿途大多是老外帶在遛狗，偶爾也會碰見演藝明星在跑步。

山頂有一條環形的路，走一圈大概是一個小時。

馬總多次約企業家朋友走這條路，邊走邊聊，由我掌握時間。如果有一個小時的時間就繞一圈，如果只有半個小時的時間

我就會在十五分鐘後提醒他：「馬總，向後轉，原速返回。」這樣就不會誤事了。

2010年及之後

　　2010年1月底，春節臨近。有一天，忙了一年的阿里雲總裁王堅博士來跟馬總告假。

　　馬總非常賞識王堅博士，經常在背地裡「惡狠狠」地表揚他。

　　他告假的原因也很特別，是要去美國開飛機。他從前在美國是一個飛行俱樂部的成員，但他沒有說過製造「911」的那幾個人是不是他的「同班同學」。

　　那天他說：「很久沒有開飛機了，手都生了。」

　　馬總說：「我也很久沒開飛機了。」

　　博士很驚訝，問：「馬總，你也學過開飛機啊？」

　　馬總笑著說：「我是四十多年沒開了，哈哈！」

　　2010年的春節，馬總沒有在杭州過，春節前馬總讓我「代表我去看看堅守崗位的員工」。我有自知之明，我哪能代表馬總。我如果到一個部門說：「我代表馬總來看大家了！」一定讓大家噁心一輩子。但我有自己的方法，我提前準備了馬總的簽名書，每到一個部門都把大家集合起來抽籤，儘管每個部門只抽一本，但每位同事都會踴躍參加，抽到的同事都激動不已。

　　中央臺樊導通知我2月11日晚上看《感動中國》，為讓更多的同事接受教育，我在內網上發了帖〈感動中國，讓我們再感動一次！〉：

　　樊馨蔓，作家，中央電視臺連續八年《感動中國》總導演，昨天來電通知，2月11日，也就是明晚8點，2009年度《感動中國》將在中央臺一套播出。

　　八年來，每一次春節前後都會收到相同的通知，並讓我準備好毛巾……每年這個時候，我都會想起許多往事。2003年春節前，我在現場觀看了第一期《感動中國》的錄製。 在現場，感動人物王選就坐在我前面，我幾乎可以聽到她的呼吸。王選旁邊是劉姝威，再旁邊是張前東……整個錄製過程我被一次次感動著……《感動中國》的主題歌一次次響起，韓紅演唱的，是我認為最好聽的歌之一，寫歌詞的才女是樊導的密友，她說寫歌詞才華是次要的，主要是用心、用情。「……用第一縷光線的純淨，為世界畫一雙眼睛；用第一朵花開的聲音，為世界唱一首歌曲……」。

　　組成生命的元素很多，而那靈魂意義上的生命，是由一次次感動構成的。我喜歡「感動」這個詞。前些日子我陪同馬總去了湖南衛視，歐陽台長是一位才子，宋祖英當年的成名歌〈小背簍〉就是出自他的手。歐陽台長工作非常忙碌，可是他不覺得累，跟我們交流時他說：「幹活是累不死人的，主要是看你工作時能不能體會感動。」感動，讓我們看到，這世界除了硬邦邦的規則、赤裸裸的利害，還有很多滋潤人心的、柔軟的東西。如果這種感動沒有廣為人知，是對美好的一種辜負。也許你正在為很小的事情糾結，別人比你先回家過年了，或者你值班沒法回家過年，或者你一年來工作比別人努力而結果不如別人……

不如明晚去感動一下吧！

2010年之後的故事更多，比如雅虎跟阿里巴巴的那些事，比如比爾‧蓋茲和巴菲特慈善晚餐前後馬總做了些什麼……

馬總還準備出國遊學幾年：「在別人討厭我之前我先把自己『掛』了！」

我問馬總：「您去遊學會帶我去嗎？」

馬總說：「有可能！儘管你的性別、年齡都不是我內心希望帶的人。」

……

一切都還在繼續，要寫的還有很多，我想2012年底進駐淘寶城再說。

第六章
興趣和哲學

馬雲

淘寶的武俠文化大家都知道，那是因為馬總從小就是個武俠迷；而淘寶的倒立文化大家可能只是隱約瞭解。淘寶創立初期遭遇了SARS隔離，為了在狹小的房間裡鍛鍊身體，馬總帶頭倒立。而我認為那只是表面現象。再小的空間也可以有各式各樣的鍛鍊方式，為什麼馬總偏偏選擇倒立呢？因為馬總從小就習慣「另眼看世界」，認為「倒立者贏天下」。

馬總從來沒有說過自己「不開心」，他說自己只有「心不開」的時候。而他透過和各種各樣奇人異士的交往，透過佛教、道教以及東方、西方哲學的道路，悟出了屬於他自己的管理之道和人生信念。

月真法師

馬總對哲學的熱愛由來已久。早在英語班時馬總就說過：「『佛』字為什麼這麼寫？就是他一開始是人，後來變成『弗』（不）再是凡人。」我還聽馬總說過：「人是未來佛，佛是過來人，佛也曾如你我般天真。」

馬總很小的時候，逢年過節外婆都會帶他去燒香拜佛，外婆跟其他燒香的人一樣，拜佛時都是願菩薩保佑全家平安、發財。而每次馬總都會「糾正」外婆，說應該「保佑」菩薩們平安、快樂。如果菩薩也需要用錢，那就「保佑」他們發財。馬總每次說起這件事都開玩笑：「菩薩如果自己都不快樂，他怎麼給你快樂？他自己錢都不夠花，怎麼讓你發財？換個角度想，大家都有求於菩薩，而只有你為菩薩著想，那菩薩最後會保佑誰？」就像現在，馬總就把每個中小企業看作是心中的「菩薩」。

在我的記憶中，馬總從來沒有說過自己「不開心」，但說過自己有「心不開」的時候。馬總「心不開」時第一想到的地方是永福寺。永福寺位於杭州靈隱西側石筍峰下，迄今已有一千六百年的歷史。這裡古木環擁，錯綴修竹，境幽景深，很有世外桃源的意境。

　　方丈月真法師是馬總的老朋友。他寫得一手好字，臨摹古代各「大家」的字都很有功底。另外，他還是一個建築奇才。現今的永福寺，占地百餘畝，有五個獨立的院落。這些院落全部是月真法師獨立設計的，而且是不出圖紙就命人直接建造，結果都很漂亮。

　　月真法師算不算「得道高僧」我不知道，但他傳禪的話對我吹牛很有幫助，比如：「禪就是所有智慧和慈悲的總和……」，有時他又說：「禪就是要幫助除去一切人為製作的偽裝……」，有時他還這麼說：「每個人心中都有盞燈，禪就是擦去燈表面灰塵的那一塊抹布……」我覺得這句話跟蘇格拉底說的差不多：「每個人心中都有太陽，問題是如何讓它發光。」

　　月真法師曾經是天臺山一個寺廟的住持，他帶馬總和我去過。他年輕時在天臺國清寺裡留下的照片跟馬總很像，所以馬總經常開玩笑地對月真法師說：「其實我才是你，你才是我。我在外面幫你做商業，你在廟裡替我修行。這樣想的時候我心裡就踏實多了。」

　　月真法師常說：「修行也並不一定非要在寺裡，在哪裡都行。」

　　而馬總卻說：「那當然！想通一半的人才出家，全想通了就應該還俗。『普渡眾生』在廟裡怎麼做？出去幫助千千萬萬的

老百姓和成千上萬的中小企業那才是『普渡眾生』。」

馬總跟人談事情最喜歡去永福寺，我覺得原因有二：第一，外面去哪裡找如此幽靜可供交流和思考的好地方？第二，佛法裡有很多哲學思想，與人探討佛法比自己看書輕鬆得多，也有趣得多。

動物進化到靈長類之後就有了「公平」意識，給兩隻猴子各一串香蕉牠們會很高興，如果給其中一隻兩串，而給另一隻三串，那牠們會打得頭破血流。馬總認為這種「自我傾向」的「追求公平」的「進化」其實是一種「退化」，佛學和道家中的很多思想就是為了解決這類「退化」。

我們生活在一個獲取訊息最廉價而鑑別真假最昂貴的時代。

關於李一

馬總跟月真法師的交往比跟李一多得多。2010年，當報導說李一「弟子三萬」，連馬雲也已經「被拜師」時，他哈哈大笑起來：「如果李一是我的師父，那月真就是我爹。大家就是聊天的朋友而已嘛！」

所以，馬總去重慶的道觀和他去找月真法師的理由是相同的，就是去聽聽道家說的和佛家說的有啥相同和不同，「吸收精華，剔除糟粕」。馬總前兩年給一本書的推薦詞是這麼寫的：「兩千多年了，道還是那個道，理還是那個理。」聰明人一看就明白馬總推崇的不是哪個人，而是道家的哲學思想。

馬總從來沒有對任何人迷信過，但對很多人都很「佩

服」，比如對月真的建築天賦、對于丹的口才、對李一的記憶力、對王西安大師的武功、對劉謙的魔術……

「我要麼迷而不信，要麼信而不迷。」馬總私底下開玩笑說。

早在2005年國慶日，馬總去過一次重慶縉雲山。說起來，他去縉雲山認識李一道長，和我還有一點關係。2005年9月，《碧血劍》前期製作已經開始，部分人員已經趕往武夷山。而張Sir由於多年勞累，血壓高了，心臟也不太好。在太太樊馨蔓的勸說下，他約了些朋友去重慶縉雲山的白雲觀調養身體。

我們到山上時已有一些香港的老年人在辟穀當中，其中一位曾是皇家警察。辟穀一般是七天或七天的倍數，張Sir這次來要辟十四天。期間只能喝水，其他一概不能吃。我當時是張Sir的助理，所以要上山「護關」，以防不測。

山上的那段日子是我覺得很快樂的一段時光。每天早上起來先練練行步功、導引術，然後吃早餐。這時幾個香港老人也會盛一點兒稀飯，坐在那裡聞聞，不吃。

白天我用毛筆抄抄《道德經》，讓道長們用通電法給我們疏通筋骨。

另外還可以打乒乓球。我比張Sir打得好一點，總是放高球給張Sir扣，有一回張Sir連扣四板，開心得像孩子一樣。

站樁等功法也是每天的必修課。

門口有一條健康步道，用很尖的小鵝卵石鋪成，光腳走會疼，但走完後腳底熱熱的，很舒服。

沿著健康步道的牆上寫著《道德經》中的經典句子，我每天走過時念念記記，準備以後下山吹牛用。

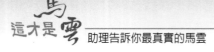

山上煮的菜很好吃，是給我們幾個沒辟穀的人準備的。吃飯時，張Sir有時也會來食堂轉轉，然後扔下一句：「一幫俗人！」

吃飯時間辟穀的人都會練一種功，說是練了就不餓，我沒試過，但我相信。張Sir上山時比我重至少十斤，到辟穀第六天就跟我一樣重了，褲子也繫不住了。

我們在山上過中秋節。皓月當空，我們談古論今，非常愜意。不同的是我們「俗人」面前有月餅、水果和紅酒，「仙人」們面前只有水。

辟穀期間象山的朋友帶了很多海鮮來看我們，可把張Sir氣得……便宜了我們幾個「俗人」。

山上的那兩週，在記憶中的確是很快樂的。我不僅可以跟偶像明星朝夕相處，一起打乒乓球，還可以很悠閒地看看《道德經》，領略塵封於史的智慧。儘管當時我被公認為「損友」：第一，我並沒有認為通電治療很神奇，因為很早之前我在峨眉山上就被通過電，而且我有位朋友的哥哥也會幫人通電疏通經絡；第二，我知道人不吃不喝一般活不過七天，但科學上沒有說過在可以喝水的情況下人活不過十四天。至於「辟穀」到底有何益何害我不清楚，反正我不參與。

晚上李一道長會來講課。李一的知識面很廣，從《道德經》一直講到量子力學，並且在哲學上也很有見地，我很喜歡聽他的課。他有句話是這麼說的：「世界上只有邪惡的女人，沒有邪惡的乳房。」我不知道李一之前做過什麼，但我對他傳播的哲學思想並不反感，比如「物質是等待被釋放的能量，能量是已經被釋放的物質」。我覺得這是對愛因斯坦的質能方程$E=mc^2$很不

錯的詮釋。

　　後來馬總聯繫我，開玩笑地說：「我來看看餓成猴子一樣的張紀中。」然後他就上山待了一天。

　　2008年6月，馬總在杭州三墩召開B2B高層會議，這次會議上馬總提出了「雲計算」（雲端運算）。當時反對的聲音很多，我聽了也覺得很有道理，但最後馬總拍板：「我不知道雲計算將來具體會有什麼用，有多大用，但我知道的是我們必須馬上做。雲計算將來一定可以幫助中小企業。」

　　會議還有其他很多內容，但沒有一項內容大家的意見是一致的。其中一項關鍵業務有人主張集中大量「優勢兵力」快速「拿下」，有反對的聲音說那是「殺雞用牛刀」，馬總在認真聽取各方意見後說：「需要的時候，我們不但可以用牛刀殺雞，還可以把導彈當鞭炮放！」

　　……

　　會議開得很辛苦，馬總顯得疲憊。

　　6月12日會議一結束，我就陪馬總動身去了重慶縉雲山。

　　一到山上，馬總的心情立刻就放鬆了。我陪馬總沿著竹林中的小路散步，空氣清新中帶著香甜，紫色的小花一路都是，路上幾乎沒人，蟋蟀的叫聲在路邊石縫裡此起彼落。

　　我發現馬總對蟋蟀也很有研究，聽著聲音就知道蟋蟀的類型和大小，這讓我很驚訝。我們就沿著山路抓蟋蟀，經過相當「艱苦」的努力，我們捉到了兩隻，裝在了一節竹子裡。馬總還有聲有色地跟我講起小時候「鬥蟋蟀」的故事。

　　「鬥蟋蟀」在馬總的童年記憶中印象是很深刻的，後來馬總在改編電影《楊露禪》的故事時，楊露禪的出場戲就是小時候

在「鬥蟋蟀」。

之後馬總在山上「禁語」三天。「禁語」也叫「止語」，佛教中也有，其實就是幫助平時繁忙的人靜下心來，而後清楚地思考一些問題。

我認為，哲學思想跟任何領域都是相通的。記得有位著名導演在教演員時說過：「當你長時間地閉上你的嘴巴，你的眼睛就開始說話。」

第二天我心血來潮，寫了張紙條給馬總看：「我禁語半天」。馬總看後笑了笑。可是我不到一個小時就忘了，說了一大堆的話。

馬總每天起床後沿著院子散步，看看院牆上《道德經》中的句子，然後靜靜沉思。

馬總每天還寫毛筆字，剛到第一天他相對「心浮氣躁」，

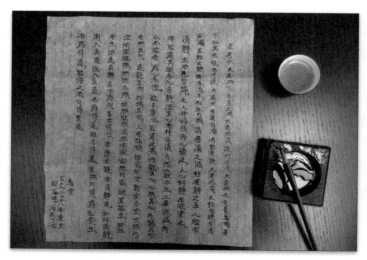

2008年縉雲山上，馬總「禁語」時寫的字

字寫得又大又不均勻，最後一天寫的「蠅頭小楷」，雖然字不怎麼樣，但很均勻，看得出心已靜很多。

經過三天禁語、冥想、調理，馬總之前疲憊的面容又恢復了光彩。

馬總自己也覺得「冥想」有收穫，但臨走前還是直言不諱地對道長說：「山上潮濕，連棉被我都覺得是濕的，就沒想過房間裡加個除濕器？還有，『太乙殿』這麼破破爛爛，這些都有悖於老子『借假修真』的思想哦，哈哈！」

8月23日，我陪馬總到三亞，馬總在自己家裡又禁語三天，思考問題。馬總對很多哲學問題都有獨到見解，很少拘泥於別人的想法，哪怕是聖賢。

2009年7月，公司將迎接十週年慶，馬總想找個地方靜下心來好好總結一下十年間走過的路，再想想公司今後的方向。於是，我陪馬總又去了一趟縉雲山。

馬總在養生館內靜思和調理身體，我住在周邊的農家。為了不打擾馬總，我們之間有事都由館內工作人員來回傳字條。關於這件事我回杭州後在公司內網上發了一個帖，內容如下：

我給馬總當「護法」──密文「比夫干」

馬總平時工作節奏很快，人也很瘦，但每年體檢血壓、血脂……各項指標都和飛行員一樣標準。偶爾去醫院也只是看看那顆牙裡的小「寵物」是否過得還好而已。

　　馬總在靜思的同時，每次還有方法對身體做一回全面的「加固」和「提升」，此所謂「性命雙修」。有這麼一句話：「偉大的思想需要一個健康的身體作後盾」（Great mind needs a great body to make it most useful）。馬總深知這個道理。

　　靜思的過程中我都見不到馬總，只有對方的「護法」幫助來回遞字條，處理公司急務。飯也是他們做，他們送。為配合養生，吃得比較清淡。馬總尊重別人，但從來不盲從，在小節上更是不「循規蹈矩」。有一天吃得不好，馬總又不能讓對方「護法」看明白，於是傳出一張字條：「火石泰叉，代良報夠得比夫干來，廠與壹付內。趨丁勞紹燦刀張，美頓嘉米特。」我看了半天才明白。

　　還有一次，馬總想提前走，於是又傳出密文：「特毛寧醉累特僕累嗯徊航雞店。」

　　事後我對馬總開玩笑說：「我智商比較低，等我看明白，他們也破譯了。不如像《潛伏》一樣，拿兩本一樣的書，您找好字，編成密碼傳給我。」

　　馬總想了想說：「那不行！萬一半天找不到我要的字，那不耽誤時間嘛！我另有一個辦法……」

　　馬總那兩份密文您看懂了嗎？最先答對有獎噢，真的！

　　（密文內容：1.伙食太差，帶兩包好的牛肉乾來，藏在衣服內。去盯牢燒菜道長，每頓加肉。2.明天最晚的飛機回杭幾點。）

閉關的某天晚上，馬總突然跑出來對我說：「我們去吃夜宵，我餓了。」

　　「不是還沒有結束嗎？」我詫異地問。

　　「我自己覺得好了就好了。」馬總說，「這幾天，別人閉關，我是得安靜。公司馬上要十週年大慶了，這兩天我把新商業文明想得更清晰了。」

　　我們找了一戶農家宰了雞，燉了肉，馬總吃得很暢快。他接著說：「文明和智慧一樣，不是誰發明的，而是被喚醒的，其實它一直都存在。所以阿里巴巴接下來的工作是要用已有的資本和資訊的力量去喚醒新文明，並護佑它壯大。」

　　那天晚上，馬總邊吃邊說了很多：

　　阿里巴巴前十年從無到有，今後十年要從有到無。無處不在的「無」。

　　「電子商務」將來是無「電子」不「商務」。

馬總在阿里巴巴十週年慶典上講話

心中的責任有多大，舞臺才會有多大。

所謂「功成身退」就是「身」可以退而「心」不能退。

「最佳雇主公司」的提法我覺得多少帶有階級矛盾的色彩，我們提出要打造「最具幸福感的公司」。

員工的「幸福感」哪裡來？為未來做今天！

……

這些思想，後來我們在阿里巴巴十週年慶典上馬總的演講中聽到了。由阿里巴巴提出的「新商業文明」中，也有這些內容。而這些，都來自於馬總一個人在山上「禁語」時候的思考。

回到杭州後，前面提到的〈密文「比夫干」〉的內網帖子還有後文。密文很快有同事「破譯」了，於是馬總兌現承諾獎勵了第一位全部答對的同事一本簽名書，可是馬總的題字又成了第二個密碼，這回的獎大了——一套小戶型精裝修房兩年免費居住權。密文見照片。

由於期限很短，在規定的時間內雖然答案五花八門，但沒有同學回答正確，於是我就替馬總公布了答案。密文的突破口是落款日期，第一行的第二個字和第九個字，第二行的第八個字，第三行的第

密文

一個字，第四行的第二個字，連起來是「貢西泥達堆」（恭喜你答對）。雖然沒有同事拿到房子，但大家還是覺得挺開心的。

　　至於李一或者說道教的養生之說究竟有沒有科學道理，這個問題我跟樊馨蔓辯論了五年，誰也沒有說服誰。

　　中醫源於道醫，精華部分流傳了下來，而糟粕在現代醫學的驗證下逐步被剔除。比如含有大量糟粕思想的「煉丹術」已被「妥善」歸納為「古人對化學領域的貢獻」。

　　我認為世界上沒有「超自然」的力量，只有「沒弄懂」的現象。

　　世界上也沒有科學不能解釋的東西，只有科學「目前」還無法解釋的東西。因為科學的本質就是永無止境地去發現未知。

　　道家養生學認為人體本身已「萬法具足」，最好的「藥」就是自己的身體。而現代醫學認為病想好得快，就需要「維和部隊」來幫忙。

　　其實都沒錯。

　　而從事實來看，現代醫學治病更快，並更具有「普適性」。

　　比如「人血饅頭」也許曾經治好過個別肺病，也許有我們還不知道的理由。可是現代醫學攻克結核病後，一萬人得病，一萬人都能很快被治好。

　　道家養生學講究「整體」，批評現代醫學「揚湯止沸」。

　　現代醫學更注重「對症下藥」，「每個省都安定了，全國自然就安定了」。

　　我認為雙方的理論都是完整的。

　　但「理論」和「實踐」說不清哪個更重要。很多「理論」

成了人類進步的里程碑，但很多時候「實踐」又比「理論」更重要。當年鄧小平用「一國兩制」的理論收回了香港，其實「一國兩制」誰都能想得到，當年去菜場也能聽到百姓說：「香港原先怎麼樣就讓它怎麼樣，主權先收回來再說。」

鄧小平的偉大之處其實不是提出「一國兩制」的理論，而是把它變成一個「成功案例」。

當年我陪張Sir在山上辟穀，我提出異議最多，被認為是「損友」。但這並不影響李一講課的吸引力。

如果我說了算，我希望每次聊天李一都在。聊天的樂趣在於「聽」到什麼，而不是非要「學」到什麼。如果每次聊天都能「學」到什麼，「吸收」到什麼，那就是一副沒有判斷力的爛腸子（個人觀點）。

「禁語」心得

馬總在縉雲山的「禁語」結束後，我透過他的言語也悟到了一些哲理，不一定準確，說出來和大家一起分享。

馬總從2008年起，就常說：「我反對一切職業經理人的思想。」難道馬總無視職業經理人的技能？當然不是的，其實是因為很多職業經理人沒有主人翁的思想，沒有「根」，其實內心深處並不自信。還有，職業經理人在奉獻技能的同時，更需要奉獻真情，如果能做到真心奉獻，內心就會很快樂。這也是馬總將創業初期的口號「認真工作，快樂生活」改為「快樂工作，認真生活」的原因之一。「藥王」之所以是孫思邈而不是李時珍等其他人，是因為孫思邈最有醫「德」，他在《大醫精誠》一書中寫

道：「凡大醫治病，必當安神定志，無欲無求，先發大慈惻隱之心，誓願普救含靈之苦，若有疾厄來求救者，不得問其貴賤貧富，長幼妍媸，怨親善友，華夷愚智，普同一等，皆如至親之想……」那樣才是「蒼生大醫」，否則，醫術再高也是「含靈巨賊」。孫思邈對病人的態度不正是馬總對所有中小企業的態度嗎？我們要做的就是「蒼生大醫」！

馬總希望所有同事都能對客戶真心奉獻，對自己的孩子馬總也是這樣要求的。我幾次在他家，都聽見馬總拿電影《功夫熊貓》裡鴨子爸爸的話給兒子做例子：「所謂秘方就是沒有秘方。他給客人做麵條時想的是當饑腸轆轆的客人吃到熱騰騰的麵條時的快樂和滿足，於是他自己先快樂了，最後他把這份快樂也傳遞給了客人。」

馬總還說過：「一隻豬，當牠長到了五千斤，那已經不是豬了。」

初看這句話不知所云。

有一位小經理，他有一位好員工，於是他很感激地寫了一封信給這位員工的父母，感謝他把孩子培養得這麼好，結果員工的全家人都很感動。

如果馬總讓人印了兩萬封一樣的信發給每位員工的家長，家長還會這麼感動嗎？美國前國防部長拉姆斯菲爾德不就是因為給每位陣亡士兵的家信蓋章了才招致全國民眾唾罵的嗎？

馬總常說：「不要給失敗找藉口，要給成功找方向。」舉個極端的例子，大多數人如果自己摔斷腿是不會找藉口的，而如果是被同事打斷了腿而影響了工作那他一定會找藉口。而馬總認為從哲學的角度看，除了你自己的思想和靈魂外，一切都是客觀

存在，甚至包括你自己物質的身體，所以這兩種情況的「斷腿」本質上是一樣的，那就是你沒有看清客觀世界。

馬總之前說過：「我們為努力鼓掌，為結果付報酬。」

這句話初聽起來有點太現實，太以結果為導向，直到我在馬總的書上看到另一句話：「世界變成地獄的原因恰恰是有人試圖把它變成天堂。」

所以，再好的出發點、再努力的過程，如果沒有好的結果，那都沒有意義，甚至反而是災難。馬總開玩笑地解釋：「傾家蕩產、妻離子散的賭徒，出發點也是贏錢造小洋樓，讓老婆、孩子過上好日子。」

三亞休假再「禁語」

2009年1月底，我陪馬總在三亞休假，期間馬總自己先「禁語」三天，而後請王西安大師來教了三天太極。「禁語」時因為不能說話，我空時收集一些笑話，寫在紙上拿給馬總看，另外還寫了一篇關於鷹的故事。馬總看完後在文章上寫了「aliway」，我明白馬總要我把文章發到內網以激勵員工。這篇題為「後天蛻變的典範——鷹」（見附錄二）的文章我自己很滿意，如果有可能，以後就刻在我墓碑的背面吧！

休假期間，每天晚上六點到八點馬總都要「急行軍」，沿近一公里的環路走上十幾圈，我和另位一同事陪馬總一起鍛鍊。馬總越走越快，我們艱難地跟著，彷彿天空就是被我們一腳一腳踩黑的。後來實在跟不上馬總，我們就每人各跟一圈，輪換著。

有一天晚上，天已很黑，馬總帶我們在沙灘邊散步，突然

發現一個女子獨自靜臥在沙灘上，一動不動。

我們慢慢走近，越走越近，那人還是一動不動。我們有些害怕了，還好我們有三個人。走到一公尺開外，借著遠處的燈光，我們還是分不清那是人還是沙雕。最後我們確定那是沙雕，沙雕做得太逼眞了，一定是專業人士做的，逼眞到你摸著她的腿時都有犯罪感。沙雕女子身材很好，屁股很翹，頭像是埋進沙裡的。

我們看了一會兒準備離開，馬總說我們走遠一點，看看別人經過時的表現。

天已很黑，人也很少，我們等了很久才來了兩撥人，他們的表現幾乎跟我們一樣。馬總樂了，開心得好像回到了孩提時代。

這次在三亞，馬總還說了好些我沒聽懂的話。馬總見我迷茫，就說了一個很童眞的想法：「陳偉！如果眞有上帝，你猜他每天都在做什麼？我猜上帝每天主要做的事就是白天發靈魂，晚上收靈魂。」馬總邊說邊笑著用手比劃上帝發靈魂的動作，又說：「那他來得及嗎？應該還有一個自動收發靈魂的機器！哈哈！」

在很多公開場合馬總都說過：「競爭是一件很快樂的事，讓對手去生氣，對手生氣的時候就是你快要勝利的時候。」我認爲這句話就是馬總對《道德經》中「善爲士者不武，善戰者不怒」的感悟。

馬總的活學活用讓我想起毛主席的一句話：「深挖洞，廣積糧，不稱霸」。當年朱元璋打天下時有一位儒生「顧問」朱升也送給朱元璋九個字：「高築牆，廣積糧，緩稱王」。我認爲當

年毛主席一定是覺得美帝國主義已經有了原子彈，「高築牆」已經不夠安全，才改為「深挖洞」的。

馬總活學活用的例子還有很多。

馬總認為，毛主席的軍事思想「在戰略上藐視敵人，在戰術上重視敵人」，把其中的「敵人」改成「自己」同樣好用——「在戰略上藐視自己，在戰術上重視自己」。這就是為什麼馬總常說「我們都是平凡的人，我們要一起去完成一件不平凡的事」的原因。

記得有一次，公司有一位非常有能力、但有一點「個人英雄主義」的領導向馬總彙報完工作，馬總說：「工作做得不錯，但是我剛才聽到的都是『我』，我希望今後聽到的是『我們』和『我們團隊』，而且要發自內心的。」

馬總常說的還有一句話：「工作本身是沒有意義的，意義是你賦予它的。」這句話其實積澱了馬總很深的哲學思考。

哲學家羅素曾說過：「人類所有成就的殿堂都將消失在宇宙廢墟的瓦礫中。」愛因斯坦也曾經說過：「從廣義上來說，人類的生存和發展也是毫無意義的。」基督教為什麼追求「審判」後的「永生」，因為他們認為沒有「永生」就沒有「意義」。

簡而概之，馬總看到了有些哲學思想會讓人走向極端的消極，所以他認為只有培養「積極」的「欲望」，才會有「積極」的人生，只要你賦予了生活與工作「積極」的意義，生活和工作就會有意義。馬總常說的另外一句話我認為也是基於這種思考：「我們並不在乎你知道多少，我們只想知道你有多在乎。」

馬雲讀《道德經》

馬總的工作包裡總是放著幾本書，別的書換得很快，而其中一本書一直沒換過，是一本最薄的《道德經》。薄是因為沒有注解，馬總不希望看到別人對《道德經》的理解而影響自己的感悟。

2010年溫哥華冬奧會的開幕式點火儀式時，其中一根「冰柱」沒有升起，在全球一片罵聲中，組委會修改了閉幕式的內容，讓小丑上臺「修好」了「冰柱」，結果全世界都原諒了勇於承認錯誤的加拿大人。馬總在家看了閉幕式後突然說：「我明白老子說的『大盈若缺』了，如果開幕式上沒有發生意外，表面上看很完美，而結果誰也記不住這次點火。」馬總接著說：「其實很多事情都是這樣，足球比賽的每一個經典進球都需要有對方守門員的失誤做『陪襯』，大家都完美就沒有完美了。」

馬總有一次看《道德經》時突然很興奮地說：「哎呀！這哪是我在讀老子，明明是老子在讀我，而且他讀到了我內心的最深處。」這跟「郭象注莊子」有些相似了。馬總有一次跟我說：「兩千多年對一個人來說太久了，但對一個物種來說卻是一剎那。兩千年來知識大爆炸，但智慧還是那些智慧，古聖人完全能夠解讀今天的人心。」

馬總不僅是哲學「愛好者」，更是哲學思想的「實踐者」。比如馬總對「進攻是最好的防守」的實踐。

當年公司B2B做得不錯，但為了預防eBay從C2C全面進入B2B，馬總創建了淘寶網，結果很快把eBay擠出了中國。接著為

預防PayPal掌握淘寶的支付，馬總又創立了支付寶，而支付寶走向世界已是遲早的事。

馬總一直強調：「淘寶要不斷創新，支付寶更要創新，千萬不要把支付寶做成銀行的模式。」

有一回我私底下問馬總：「銀行建立和發展已經這麼多年了，該創新的銀行早都創新了，我們真的還能再創新嗎？」

馬總沒有正面回答我，說了句：「音符只有七個，而音樂家有千千萬，你懷疑過他們還能寫出新歌嗎？」

從哲學理論的角度，創新是無止境的，只是難易的區別罷了。

還有一次我問馬總：「您常說『運氣是實力的一部分』，這句話我不是很理解。」

「你真的不理解嗎？」馬總說，「假如有一天淘寶網的總裁和副總裁及所有高層主管同時離職，你也沒有機會做淘寶的CEO，『運氣』不會降到你頭上，因為你不懂淘寶網。哈哈！還有，你聽過馬克・吐溫和貝爾的故事嗎？」

當年馬克・吐溫熱衷投資科學發明，可是每次都投資失敗，他灰心了。當再有一個年輕人背著一個奇怪的機器希望他投資五百美金時，他拒絕了，為了不傷害這位年輕人，馬克・吐溫最後說：「祝你成功，貝爾！」這個貝爾，就是電話的發明人。

從表面上看是馬克・吐溫「運氣」不好，而實質上是馬克・吐溫不具備判斷科技創新的「實力」。

馬總一直認為阿里巴巴不是一個企業，而是一件藝術品。在杭州看了吳冠中的畫展後，馬總說：「我現在認為，畫家玩的是定格在紙上的藝術，導演的藝術則固化在了膠片裡，而我們做

的是『行爲』藝術。我們的變化多，但好處是我們能改而他們改不了。哈哈！」

阿里文化中有很重要的一條是「擁抱變化」，不但要「擁抱」外界的「變化」，還要「擁抱」領導改變主意的「變化」。馬總是一個有錯必糾的人，他常說：「我又不是神仙，發現錯了再改嘛！」

有一回，一位副總裁對馬總說：「馬總，你今天跟我說的和上個月說的不一樣。」

「按照今天說的做。」馬總開玩笑地說，「你應該高興才是，因爲你的老闆我，比上個月懂得更多了！」知錯就改，因爲馬總清楚，方向比努力更重要。

馬總對招聘非常重視，還創新設立了「聞味官」。招聘人的部門領導和領導的領導都通過了，「聞味官」也可一票否決。「聞味官」都是經驗豐富的老員工，他們的作用就是判斷被招聘的人是不是有相同價值觀的「同道中人」。

「嗅覺」最靈敏的當然是馬總自己。記得2009年初，我陪馬總去B2B上海分公司，從大辦公室走過時，我看這裡的員工見到馬總跟其他地方的員工一樣熱情、驚喜。可是馬總卻走進主管的辦公室，關了門對主管說：「你們這裡有問題，你告訴我發生什麼事了？」

主管非常驚訝：「今天早上是出了點事。馬總您怎麼知道？」

「我覺得員工的熱情背後有一絲不安的情緒。」馬總說。

我當時也非常驚訝，因爲我完全沒有察覺到有啥異樣。類似的事情之後還發生了好幾回，這是我永遠也學不會的，崇拜一

下就算了。

在馬總的哲學思想薰陶下，我對世界也有了一些思考，寫了一篇題為「亞當猶豫了」（見附錄一）的文章發在內網上。我自己覺得那是我寫得最好的文章，以後可以刻在我的墓碑上，如果他們覺得字太多，那就刻個鏈結吧！

我發現一般的企業主和企業家的區別是，企業家更懂得感恩，而不是認為自己能幹。馬總就特別感恩這個時代出現了互聯網：「早幾年或晚幾年我都不可能有機會。」同時馬總也真心地感謝政府：「如果還是『文化大革命』，『不讀ABC照樣幹革命』，我肯定是每天掛著牌子被學生鬥，再有想法都白搭。」

第七章
馬雲的太極夢

現在，打太極成了馬總的主要健身方式，他經常是邊走路手上還邊做著動作，而且太極中的哲學思想也讓馬總有了更深刻的感悟。比如說「中庸」。「中庸」一詞有各種解釋，馬總認為「中」是動詞，「打中」；「庸」是「恰如其分的一點」，「中庸」就是「打在恰到好處的那一點上」。

馬總認為太極拳是以拳術來表達太極思想，每一招都既可攻又可守。任何招都有解，也就是說「沒有絕望的境地，只有對境地絕望的人」。

馬總正致力於太極文化的推廣，請注意，這不是一套拳法、一種武術的推廣，而是一種哲學思想和生活方式的推廣。

四十歲再練太極

之前說過，馬總在2008年最後一天給我一項任務：「找最好的太極師傅。」

馬總小時候跟杭州一位陳老太太學過很多年太極。陳老太太練的是「楊式太極」，她功夫了得，在七十歲時對付兩、三個小夥子都沒有問題。馬總說：「陳老太太很早起床，在打太極前總要閉上眼睛在公園裡靜靜站一會兒，我問她這是幹什麼，她說她在聽花開的聲音。」

2009年2月4日，我陪馬總去上海開會，晚上我獨自去參觀了之前網上查到的一間太極館。我雖然從來沒有接觸過太極，但兩個小時下來，總覺得跟我想像中的太極思想不太吻合，尤其是「凌空勁」（就是身體不接觸而把你打倒）的表演。我是個唯物主義者，當年學的是理科，而且還得過浙大運動會兩屆三級跳

遠的冠軍，所以我認爲：(1)不存在「凌空勁」，如果有，全世界的科學家早就震驚了；(2)沒有大家想像中的輕功，如果你能跳過2.46公尺，去奧運會上破了世界紀錄比你怎樣苦心推廣都要有效十萬倍；(3)人在水裡不能憋氣兩小時，因爲金氏紀錄不到二十分鐘，否則早就能「爲國爭光」了。

於是我決定去一趟太極發源地——河南陳家溝看看。

之後馬總的一個朋友也想學太極，爲了練習方便，希望場地就在上海，於是我把上海的那家太極館聯繫方式發給馬總，馬總轉發給了他。據說他以後一直就在那家練著。

只要能動動身體，練眞的或是假的，遛狗或是跳舞，對身體都有益無害，我認爲。

2月中旬，馬總在北京忙完一系列工作後去了日本。同一天我飛往河南。去之前我就告訴河南的朋友：「找最好的太極師傅，第二名都不可以。」

馬總在陳王廷創拳處

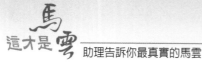

這才是馬雲　助理告訴你最真實的馬雲

在溫縣體育局寇副局長帶領下，我們先參觀了太極發源地陳家溝。在陳家溝我們拜訪了王西安大師的徒弟，當地「八大天王」之一的張福旺。之後我們去溫縣吃中餐，溫縣縣城和陳家溝很近，就十幾分鐘車程。

我原先以為太極拳是張三丰創的，就像以為包公斬過陳世美一樣。而其實這兩件事情都……

「王西安拳法研究會」設在溫縣的「太極武術館」內，我們中飯後前往拜訪陳式太極第十九代代表人物王西安大師。「太極武術館」略顯陳舊，武術館前有一個小廣場，當天天氣很好，有很多小孩在練習太極。練套路、練劍的都有，還有金髮碧眼的女老外。

當天王大師著一身白色的太極服，坐在門口看大家練拳，雖然已有六十七歲高齡，但看上去要比實際年齡年輕得多。之前

我第一次見王西安大師

徒弟們提醒過我王大師不太喜歡搭理生人，可是跟我卻一見如故，在跟我講解了太極的歷史和文化後，還演示了幾個太極的技法。

整個過程中，「拳法研究會」的閻會長一直陪在王大師身邊。她從前身體不好，是個「藥罐子」，跟王大師學了十幾年的拳了。現在，用王大師的話說，「就是個鐵疙瘩」。

當時碰巧有記者陪女兒在練拳，就問了我幾個問題，其中有：「你們一個現代網路公司為什麼會對太極這麼感興趣，千里迢迢趕來拜師？」

我說：「越高的樹越需要根的營養，越新興的企業越需要傳統的智慧……」結果這些話都出現在了當地第二天的報紙上。

4月3日馬總從香港到三亞，我提前一天到，邀請王大師和閻會長來三亞度假，同時也向王大師學習太極，總共逗留了四

馬總在三亞練習太極拳法

天。

我是零基礎，主要任務是記住動作，順便聽聽馬總和王大師聊太極的故事和哲學思想。

馬總基礎好，一點就透，儘管這第一次的學習才學了不到二十招，但馬總心情舒暢，看得出他很滿意。

4月13日到15日在杭州，組織部人員集中開會三天。由於剛接觸過太極，比較興奮，會議中途休息時我就跟同學們吹「太極」牛。於是馬總讓我上臺打一遍，然後馬總自己上臺打一遍，大家都看出了天壤之別。事後馬總對我說：「你練了三四天太極就開始吹牛啊，我如果不壓壓你，你很快就要帶出十八代徒弟，誤人子弟！哈哈！」

之後打太極就成了馬總的主要健身方法。

聽馬總講了太極的「中庸」思想後，我對「世界足聯」啓不啓用「鷹眼」的爭論有了新的認識。我認為那是對「公正」和「熱情」進行「度」的把握。如果一場足球賽要暫停很多次去看「鷹眼」，觀眾的熱情被一次次打斷，以致於最後沒有了熱情，那麼再公正的比賽也沒有了意義（個人觀點）。

記得馬總在練拳期間問過王大師：「您和您的兩個兒子在太極的造詣上誰更高？」

王大師說他雖然武功很好，但由於文化水準不高，表達不清楚，所以他練太極走過很多彎路，是經過無數次的錯誤才一點一點悟出來的。而他的兩個兒子在他的教導下沒有走彎路，所以十幾歲開始就已經打遍天下無敵手了。

馬總沉思了片刻後，提出了自己的看法。馬總認為，王大師的太極造詣更高，如果哪一天遇見水準相當的對手，王大師能

很快找到勝敵的方法，而他的兒子未必。

　　馬總之前常說：「假如我要寫一本書，我就寫阿里巴巴的一千零一個錯誤。」現在明白了，有些錯誤是必須犯的，而且越早犯越好，馬總說：「順風順水成就了我們的事業，逆風逆水成就了我們的人。」馬總認為兩種成長缺一不可，如果之前都是拍腦袋選對了方向，「事業」是發展了，而「人」沒有成長，那你總有一天會出錯，而越晚出錯損失越大。

　　也許老子的「大直若曲」講的就是這個道理吧！

　　有一回馬總說：「王宗岳的《太極拳論》，還有陳鑫等人的太極理論，裡面有很深的哲理，比如『虛靈頂勁，不偏不倚』的思想，『一羽不能加，蠅蟲不能落』的敏捷，這些不光對練拳，對企業的管理和發展都有很大的指導作用。」馬總接著說：「陳偉，你記憶力好，我希望你是公司第一個會背《太極拳論》

傳太極到印度

133

的人。」

馬總有一段時間眞是拳不離手，在室外只要發現一塊平地就想打兩下，出國也一樣。照片上就是馬總在印度時，有一回在寺廟裡打太極，還引來僧人跟學。印度人把瑜伽傳到了中國，而馬總是把太極傳播到印度的第一人，我這麼認爲，哈哈！

關於太極和瑜伽，我和公司裡的美女們還有過辯論。

她們說的都是廣告詞：「瑜伽是一種生活方式，健身又健心。」

我說：「瑜伽充其量只能做到『知己』，而太極是『知己知彼』。」

她們說：「一次瑜伽，一次心靈的卸妝。」

我說：「一次太極，一次靈魂的裸奔。」

……

太極文化與阿里巴巴

2009年國慶日，當王大師第三次來教拳時，馬總決定爲弘揚這一國粹做點貢獻。

首先在公司內部推廣。馬總邀請了王大師的冠軍徒弟們來杭州教拳，我在內網上發了報名帖。

報名和馬總一起打太極

（開兩班，2009年10月19日開打）

中國傳統文化博大精深，太極是其中的代表。

太極拳第十九代正宗傳人，河南陳家溝的王西安大師是馬總的太極老師。王西安太極研究會將在杭州成立分會，分會成員將全部為阿里巴巴集團員工。王大師培養了許多全國冠軍，還有不少洋弟子也是他們國家的冠軍。王大師一手教大的兩個兒子王占海和王占軍更是功夫了得。二十世紀八〇年代開始，王占海就雄霸武林，而王占軍從十六歲起就打遍天下無敵手，獨孤求敗，傲視武林很多年！練太極不僅能「健其骨」，其中的道更能「明其志」。馬總有今天的成就，究其原因有一萬零一種說法，其實那些都是表面的，真正的原因只有兩個：在西湖邊學了十幾年的英語；練了近十年的太極！阿里巴巴是一個武俠色彩很濃的公司，現在大家有機會練真功夫了！王大師將派其高徒來杭教學，他本人和閻會長也會不定期地蒞臨指導！有許多太極愛好者想見王大師一面而不能，更不要說讓大師指導幾招。更讓人興奮的是，馬總也會來觀摩大家練習！所有學員按輩分都叫馬總為「師叔」。馬總有一個願望，希望有朝一日大家這樣評價他：馬雲是一位太極大師，他也曾創辦過企業，比如阿里巴巴，比如淘寶網……

從某種意義上說阿里集團就是太極哲學思想在網路

> 時代「野蠻生長」的副產品。等學有所成，馬總將帶領大
> 家參加武林大會！還會有那麼一天，對「拳打北山幼稚
> 園，腳踢城南敬老院」的武林敗類，公司將派出學得最差
> 的學員背著藥箱、抬著擔架去教育他們，還武林以潔淨的
> 天地。這項社會責任是否歸納在新商業文明中我說了不
> 算。回帖報名，截止日期根據報名情況而定。年齡不限，
> 性別不限，基礎不限（目前只限杭州，但濱江和城西會分
> 班）。毛主席說過，一張白紙能畫最新最美的圖畫！從今
> 往後，我們就是正宗太極二十一代傳人了！阿里巴巴十年
> 告訴我們一句話：我們沒有什麼做不到！

　　報名非常踴躍，人數很快超過了四百人，為保證教學品
質，被迫提前截止報名，其餘同學待到下一期。

　　第一天上大課，我遵照馬總的指示告誡同事們：「練太極
貴在堅持。可以想像五十年之後一定會出現這樣的場景：一群
鶴髮童顏的老年人，練完太極一起去醫院看望一個奄奄一息的
病人，病人身上插滿了管子，他艱難地對醫生說：『這幾位都
是我當年在阿里巴巴的同事，我們一起練太極，可惜我沒有堅
持。』」

　　馬總沒有食言，儘管工作很忙，城西和濱江兩邊馬總都去
看過同事們練拳。

　　由於同事中還有更多想學太極的，2010年春天又辦了一期
太極班，目前學過太極的同事已近一千人，其中包括不少高層主

管，比如彭蕾。

彭蕾是集團裡我最崇拜的女人。當年她在浙江財經學院當老師，然後就「稀里糊塗」地跟著馬總一起創業。她跟隨馬總的時間很長，從1997年馬總帶人去北京和外經貿部合作的時候起，她就是團隊中的一員。我一直搞不懂，一個年輕女教師，這些年下來就變成這樣，做什麼工作都能做得風生水起。她本來是集團的CPO（首席人力官），在這個職位上做了許多年，阿里巴巴的企業文化和價值觀建設一直是在中國企業中別具特色的，這裡面有她巨大的功勞。本職工作做得好也就算了，結果她剛被調去做了一年的支付寶總裁，就天天聽馬總表揚支付寶。

彭蕾工作很忙，我專門安排太極教練「上門教學」，一週兩次。我偶爾遇見彭蕾時她會說：「教練誇我練太極有天賦哦！」其實教練跟誰都這麼說。

馬雲・太極・電影・李連杰

2009年5月，我陪馬總去北京，馬總下飛機後興奮地說：「我在飛機上想了個太極故事，我覺得可以讓華誼拍成電影。」

為了此事，馬總在北京工作間隙，邀請作家沈威風共進午餐。我認識沈威風是在2009年2月。春節剛過的一天下午，馬總把我叫到他的辦公室，說：「給你個任務，晚上陪沈威風去吃個飯。我提醒你，別把人家當作公司那些叫你『陳爸』的小姑娘，人家可是知名作家，寫淘寶的那本書《倒立者贏》也是她的作品。」不過後來交往久了，她終於也叫我「陳爸爸」了。這是後話。

　　馬總先把他在飛機上想的故事說了一遍。故事發生在河北滄州府，幾個小孩看人鬥蟋蟀，其中有個叫楊露禪的。那邊京城王府的四大金剛在擺擂臺，無人能敵。賣蟋蟀的叫價兩錢銀子，楊露禪沒錢買，於是憤然去打擂臺，十歲的小孩以一敵二，一鳴驚人……後面的故事當然跌宕起伏，加上馬總繪聲繪色的講述，大家都覺得非常精彩，很有畫面感！在我們的想像中，電影結束之後，螢幕上會出現一串長長的名單，從太極宗師開始到第N代傳人……沈威風說，最後一個名字就是「馬雲」！

　　馬總說完之後，大家就開始天馬行空地編，每編出一個亮點，馬總都會興奮地哈哈大笑。馬總說：「……再說服幾個知名的企業家朋友客串，每人一句經典臺詞，比如李書福演黃包車夫、史玉柱演算命先生、王中軍反串慈禧……當紅明星也上陣，像范冰冰那樣的，就演一個丫鬟，一出場，觀眾正期待呢，一轉眼走了，一句臺詞也沒有……」

　　沈威風是個女孩子，所以她給這個故事貢獻了一個柔情似水的小師妹的角色，而我則建議楊露禪的父親在故事裡要「語重心長」地講許多錯誤的道理給兒子聽。

　　對於把太極宗師楊露禪的故事搬上大銀幕的事情，馬總是非常認真的，從編出那個故事開始，他就一直在為此做準備。著名的華語電影導演，從李安到馮小剛，都被馬總打過主意。

　　2010年4月1日，馬總約了李連杰、王中軍、沈國軍還有華誼的編劇們來到太極拳的發源地陳家溝考察，我提前一天到達做準備。

　　馬總這次專門來河南陳家溝，不僅是想讓更多企業界、娛樂界的老闆和明星們瞭解太極，為拍太極的電影做準備，也是為

在陳家溝「祖祠」

了實現自己的夢想——他早就希望能夠到太極拳的發源地來看看了。

　　我們在王西安老師和王占軍等人的陪同下，參觀了太極拳祖祠、中國太極拳博物館、東溝、楊露禪學拳處等地。

　　隨後，大家還觀看了當地太極武校專門為我們準備的一場太極表演，表演者個個身懷絕技。由於時間的關係，很多全國冠軍都沒來得及上場表演。

　　在馬總的大力推動下，這部太極電影《楊露禪》已在2011年上半年開拍。

把太極推向世界

　　太極還讓我真切明白了什麼叫「民族的才是世界的」。

　　馬總有位香港的企業家朋友，有四、五個孩子都在國外念書，這位企業家很「自豪」地說：「這些孩子都國際化了，基本上可以與國外孩子打成一片。」

　　而另有一個男孩，六、七歲時就開始跟王大師學太極，後來拿過多次全國青少年組的冠軍。去年他留學加拿大，剛去時英語口語還不是很好，可是所有國外的孩子都叫他「師父」，要跟他學拳。這次馬總把他介紹給華誼，他有可能會在電影《楊露禪》中出演重要角色。

　　相比較到底誰更能「融入」世界，更「國際化」呢？

　　馬總查資料還發現，近代的一些領袖人物，比如孫中山等，在當年最危險的時候，貼身保鏢都是太極高人。於是馬總又開始編下一個故事。

　　馬總有很多文化界的朋友，比如《奮鬥》的編劇石康，還有《暗算》的作者麥家等。馬總抽空編編故事，再打電話跟作家們討論討論，這已成為他工作之餘放鬆的一個習慣。有一回我聽馬總打電話跟麥家探討故事，談完後馬總說：「對了，前兩天我剛看了你的小說，剛看到興頭上，沒了！怎麼回事？」當聽說接下來一本還在寫，書還沒出呢，馬總急了：「那怎麼辦？要不後面的故事你先講給我聽吧，就現在。」

　　2011年1月3日下午，我陪馬總去永福寺，和麥家一起喝茶聊天。馬總講了一個故事：李克農的一支太極隊伍，1945年秋天在重慶保衛毛澤東，跟戴笠的特務殊死爭鬥。這支隊伍後來在1949年年底護衛毛主席去俄羅斯，搗毀了毛人鳳特務組織的暗殺行動。馬總表情誇張，肢體語言豐富，講得驚心動魄，而且故事人物都有名字。

　　馬總講完後，麥家說：「這些事我怎麼不知道？」

　　「你當然不知道，是我這兩天編的。」馬總笑著說，「但那時候一定有類似的事情發生，我是希望你能把故事豐滿、完善……」

　　「故事的架構已經非常完整，只要加點細節就可以了。」麥家說。

　　其實馬總和我都明白麥家之前就知道故事是編的。他對那段歷史太瞭解了，我們問他戴笠是何時死的，他馬上告訴我們是1946年3月，根本不用想。

　　當聽說麥家大學學的也是電子，跟我一樣後，我對寫好文章有了更大的信心。

　　前些日子我發訊息給麥家：「陽光燦爛，美女如雲，龍井老地方，來不來吃飯你自己定。」

　　麥家回覆：「偶可憐！被關在山上寫《風語3》，一個月後

我會去找組織的。」

馬總還暢想今後每年在西湖舉辦「西搏會」，在西湖裡搭一個比武擂臺，獎金豐厚。透過一一對決，誰把其他所有選手都推到西湖裡，誰就是「太極王」。

有馬總的熱心推廣，太極今後出現任何「狀況」我都不會驚訝。

第八章
社會責任
和阿里文化

2008年汶川大地震，對於所有的中國人來說，都是一個巨大的傷痛。那時候，我在馬總身邊，看著他焦急、傷痛、努力地做許多事，也承受著許多非議。阿里巴巴公司在災難發生之後迅速地做了自己該做的事，直到今天，還在為災區的重建做著自己的努力。最讓人感動的是，公司社會責任部到現在還每月組織員工去四川當志願者，員工利用的時間是自己的年假，而且來回的差旅費都是自理的……

國　殤

2008年5月12日注定是不尋常的一天，那天我和馬總一起在莫斯科參加ABAC會議。上午十點半過後（莫斯科和北京有四小時時差），會議中的馬總不斷收到國內朋友發來的訊息：北京地震了，上海地震了，杭州地震了……後來李連杰來電確認地震中心是四川。

馬總打斷了會議，說：「各位代表，對不起，我打斷一下，我的祖國半小時前地震了，很大的地震……」

秘魯的輪值主席說：「聽到這一消息我很難過……待情況明確後，我們看能做些什麼。」這也許是512大地震發生後在國際性會議上最早被提及。

馬總當天決定以個人名義先捐款一百萬元。

之後的幾天，馬總跟國內保持著高密度的聯繫，時刻關注著救災工作的進展。當聽說災區急缺帳篷時，馬總馬上打電話給阿里巴巴公司的社會責任部：「一天之內把能買到的帳篷全部買下，不計成本，想盡一切辦法火速送往災區。」

馬總比原計劃提前回國，一夜沒睡，早上八點發著高燒召集集團高層主管開會，安排工作。

　　但也就在此時，有媒體別有用心、斷章取義地搬出早幾年馬總說的「在聚光燈下捐一元」的話，大肆歪曲事實，說馬總號召每人只捐一塊錢。其實當年馬總的意思是：捐贈慈善是每個公民的義務，也是美德，不論數量多少。不要因為公開了有錢人捐的大數目而影響百姓參與慈善的積極性。

　　當時公司全體員工都對這些歪曲事實的報導表示憤慨。我們也擔心馬總已發燒的身體會扛不住，這時馬總說：「如果一隻鳥每天只想著去梳理自己的羽毛，那牠很快就要完蛋了，因為一盆髒水就可以毀了牠。隨他們說吧，總有潮水退去的時候，到時候我們會看得清清楚楚誰沒有穿短褲。」

　　5月23日，李連杰從災區回到上海補發救助物資，我陪馬總趕去上海金貿大廈跟他會面。李連杰顯得很疲憊，嘴脣是乾裂的，和一個多月前在博鰲時已判若兩人。但他說話時眼神依然如虎豹，炯炯有神。

　　他告訴我們許多災區的情況和亟需解決的問題：災區吃的已沒有問題，帳篷基本上也夠，目前需要大量屍體袋，因為暴露的屍體已開始腐爛，如果疾病蔓延，後果不堪設想。另外，需要大量衛生巾，那是超大號的創可貼，很好用。很多去「心理救助」的大學生不適應，面對這樣慘烈的現狀，憑已有的那點知識是不夠的，暈了，吐了，哭了，有的還要滿身鮮血的災民反過來安慰他們……

　　李連杰是一個真正的戰士！他語速很快，很堅決，就像回到大部隊來搬子彈馬上又要回前線的軍人。

　　透過交談，馬總意識到救災工作的艱巨性和專業性。他馬上找到相關的專家，再根據我們自己的優勢，迅速制訂了一系列的救援計畫。

　　除高層主管們自己捐款外，公司還設立了兩千五百萬元專項救助基金。

　　在支付寶頁面上開設的捐款視窗，很快籌集到了來自公司員工和客戶的捐款，總共超過兩千六百萬元。

　　派集團高層主管帶隊，一次又一次押車運送急需物資進入災區。

　　……

災後重建

　　2008年6月2日，馬總和民營企業家及專家們在廊坊開會，共同探討災後重建的工作。我記得那天中央電視臺的主持人沈冰也在場。

　　馬總從專家那裡瞭解到，災後重建，特別是心理重建，一般需要七年時間，所以公司制訂了七年援助計畫。馬總說，如果七年不夠，我們再加七年。援助內容包括給當地留任的教師每人每年補助兩千元，幫助當地的電子商務發展，把災區的農產品借助淘寶網賣向全國，在當地建辦事處，招募當地殘疾青年加入阿里巴巴……

　　當年發生的一些事至今還讓我記憶猶新。

　　有一天，馬總讓公關部寫篇稿子號召阿里巴巴的會員共同加入救災行動。馬總看了稿子後對負責公共關係的副總裁王帥

說：「這篇稿子不足以表達我現在的心情，也不夠有號召力。」

「那你……您！再指點一下，我回去重寫。」王帥跟馬總說話時是經常「你」「您」這樣糾正的。

「我知道你已經忙得焦頭爛額了，你能不能找文采好的記者朋友幫你一起完成？還有，我們的公關原則是不收買媒體，但不是說不能把有正義感、說真話、文采又好的記者招募進阿里巴巴。」

「符合您要求的記者朋友是有，我多問一句，可以給人家哪個層級？」

馬總正在看書架上的紀念品，沒有回頭：「黎叔說了……」

王帥搶著說：「二十一世紀最貴的是人才，我明白了！」

王帥說完匆匆離去。

馬總這時轉過頭來：「王帥這小子，讓我說完不行啊，還搶答。」

馬總非常賞識王帥，曾經這樣跟我說過：「王帥經常做得比我想像得還要好！」

做了個通宵，第二天一早王帥把稿子拿來了。

馬總很滿意，一邊念一邊誇：「你聽聽，這多好，多有力度。」

為災區默哀的那天中午，我在馬總家。時間快到時，馬總把我們和在家裡的全部人都集中起來，默哀。結束後馬總說：「我是個不太重形式的人，但形式有形式的作用。你想，這麼大的一件事，全國這麼多人一起默哀，一是為了給遇難的同胞哀悼，另外你可以從中感受到一種力量。」馬總接著說：「其他的

形式也有作用，比如宗教的洗禮，聖水其實跟自來水沒區別，但在這麼多人莊嚴的注視下、見證下，這種氣場會給你力量，也對你今後的行為有約束。這就是借假修真。」

那段時間也有很多朋友打電話來：「聽說你們阿里巴巴捐了一元大洋？」

「沒那麼多，虛報了，僅半個多億而已。」我都是這麼回答他們的，「別人跟你講『聾子聽啞巴說瞎子看到鬼了』你也信？去查一查，是不是一分錢都不捐的人在網上罵人家最凶啊？」

有一次開會，社會責任部提出了很多幫助災區的建議，馬總聽後說：「建議都很好，但不要憑空想像，要深入災民中聽取他們的心聲和意願。也就是說在扶老太太過馬路前要搞清楚她是否真的想過馬路。」大家聽得都笑了，也都明白了。

馬總支援災區也有兩個原則：不作秀，不麻煩當地政府。

2009年春天，我陪馬總還有彭蕾（集團CPO，首席人力官）等去了一次災區。我們在成都租了幾輛越野車，開了五個多小時到青川。那時災後重建正有序進行著，我們的心情也不再那麼沉重。

一路上油菜花開得很盛，中午我們選了一塊空曠的地方吃盒飯，飯後大家在油菜花地合影。剛好一輛裝滿蜜蜂箱的車經過，一大群蜜蜂迎面飛來，一瞬間每個人的臉上、身上都停滿了。大家都大吃一驚，各種表情和姿態都有，剛好被拍下。照片上有人迅速拿帽子護住馬總的頭，而我卻躲得很遠，真是慚愧至極。

到災區後，馬總帶領大家看望了資助學校的老師和學生

一群蜜蜂來襲

　　們，給他們還有周邊的百姓們送了禮品。

　　晚上大家都住板房。板房雖然牆裡是泡沫，但頂上的樑是長方形的金屬，雖然中空，但萬一砸下來還是會傷到人，於是大家都不敢早睡。我提議大家打牌，拿贏來的錢第二天請在當地招募的「小二」們吃飯。沒有更多的選擇，大家就同意了。

　　拿開心果做「籌碼」，一開始馬總贏了很多開心果，得意之下，馬總邊打牌邊把贏來的開心果不小心當「茶點」給吃了，當反應過來時剩下沒幾顆了。這下可把我們給樂壞了，馬總說能不能兩顆開心果的殼算一顆開心果？我們當然不會答應。

　　到了晚上九點半，突然板房抖了起來，大家趕快跑到屋外。隔壁的居民用四川話對我們說：「沒的事，沒的事，小地震每天都有。」我們好不容易緩過勁，進房間剛坐下，又抖起來了，大家又趕緊跑出屋外。

　　第二天，馬總又帶大家去別處慰問了災民，同時聽取他們的想法。回來的路上大家講故事，我講得多一些。講的內容大多不記得了，只記得其中三個。一個是：「如果有輛車，我坐駕駛位，彭蕾坐邊上，馬總坐後排，問：這輛車是誰的？」

　　一時沒人答上，我就公布答案：「車是『如果』的。我不是說了嘛，『如果』有輛車。」大家笑了。

　　另外一個。我說：「從前有一隻老鼠，老鼠前面有頭牛，牛前面有隻老虎，老鼠後面有什麼？」有人搶答：「是豬，十二生肖的排列我還是知道的！」我說：「豬也說是牠，但是不對，答案是蟲，題目說了，從（蟲）前有一隻老鼠。那老鼠的後面當然是蟲了。」大家又笑了。

　　還有一個。我指著一個同學對大家說：「聞佳，假如你是公車司機，開11路公車，起點站上了三十六個人，第二站上了七人，沒有人下，第三站上十一人，下三人……問，司機今年幾歲。」

　　「神經病！乘客上下的人數跟司機年齡有關嗎？」聞佳說。

　　「你聽清了沒有，我說『假如你是公車司機』，你自己的年齡你不知道嗎？」大家又笑了。

　　那天彭蕾第一次表揚我，說我寫的文章有些可以用「雋永」來形容，這對我來說是很高的榮譽。

　　路上去一戶農家「解急」，一位中年婦女坐在門口，一邊悠閒地曬太陽，一邊拿柴刀的背面砸核桃吃。我說問她買核桃，我們也坐下來砸砸，歇歇腳。她說：「不要買，都拿去吃，看得出來，你們是來幫災區的文化人。」

公　益

在馬總的積極推動下，阿里巴巴的公益事業蓬勃開展。

2009年7月，集團開始舉辦「樂橙青川」的公益活動，每個月員工自己報名，用自己的年假，自己出路費去災區服務。由於每次名額有限，有的同學第一期就報名，到了第九期才「如願以償」。其中還有兩位同學因「樂橙青川」而相識、相愛，成為讓人羨慕的一對。到2010年底，「樂橙青川」已開展了十五期。馬總鼓勵大家參與公益，而阿里員工感人的事蹟反過來也一次一次感動著馬總。

集團和每個子公司都有自己的公益活動。其中集團近期的「幸福抱團」好比淘寶業務的「賽馬」一樣有創新。就是讓同事

2009年3月28日，阿里巴巴集團志願者第十六次青川行

自己提出有興趣的公益活動,公司根據提出的創意給予相應的扶持。比如「愛的聲音」,就是同事們自己錄下好的文章去送給盲人學校的孩子們聽。

2010年玉樹地震,公司捐款兩千五百萬元。

我跟馬總說:「昨天中央臺播放了捐款的節目。」

馬總說:「我沒看,但很多朋友已打電話跟我說了,臺上長得最漂亮說得也最好的就是阿里巴巴的。」馬總感覺挺自豪。

世博會籌備期間,有一天馬總應郭廣昌的邀請去上海給民企館的志願者們做動員演講。那時正是雲南乾旱最嚴重的時候。馬總聽說捐四千元就能幫雲南建一個小水窖,對今後的旱情會有幫助,當即和郭總決定從民企館的預算中劃出款項來做這件事,馬總特別敦促:「趕緊!趕緊!雲南的土地都裂成那樣了,倒盆水下去就直接滲到美國了!」

又有一次,華夏基金會的王兵跟馬總說,已經和廣州武警總院談好合作了,每捐一萬元他們就為一位患先天性心臟病的兒童免費做心臟恢復手術。馬總聽了很興奮:「這麼好的事,一萬元救一條命,我要趕在人家前面。」

結果第二天我們就去了廣州,馬總不僅以個人名義捐了款,還看望了做完手術和等待做手術的孩子們,並在當地做了宣傳推廣。

馬總看望孩子和家長們的時候,流露出來的是真誠,因為馬總清楚,貧困家庭的心靈是脆弱的,千萬不要在幫助他們的同時,踐踏他們的自尊。

近兩年馬總在公開場合講得最多的是公益和環保。2010年亞布力會議,當別的企業家把會議看作是推廣自己企業的絕佳平

臺時，馬總講的是：「近來災難頻發，我在想地球到底怎麼了？樹木和森林好比是地球的毛髮，你把它們砍了，塗上水泥。河流好比是地球的血管，你把它們一道一道堵上，還時不時打個洞，在裡面埋上炸藥……地球是有生命的，如果換了我，我也要憤怒，我也會報復……」

毛主席在1949年9月說過：「讓那些內外反對派在我們面前發抖吧，讓他們去說我們這也不行那也不行吧！」我加一句：「讓他們再去說我們只捐了一塊錢吧！」

永不放棄

永不放棄，這是阿里巴巴企業文化的核心所在，也是所有正在創業道路上或即將走上創業道路的人共同的信念。

馬總跟我說過，他唯一一次想到放棄是在1997年。當時他在做中國黃頁（chinapage. com），而生意正做得紅火的時候，電信橫插了一槓子，也做了一個黃頁chinesepage. com，一下子就把水給攪渾了。之後發生了很多事，使得馬總不得不與電信合作，而身在美國的他一時又找不到前進的方向。

一個星期天，情緒低落、舉目無親的馬總走進了教堂。

牧師在做完禱告後，講起第二次世界大戰時期的邱吉爾，並朗誦了邱吉爾的演講：

You ask, what is our aim? I can answer in one word, It is victory. Victory at all costs-victory in spite of all terrors-victory, however long and hard the road may be, for without victory, there is no

survival…

（你們問：我們的目的是什麼？我可以用一個詞來回答：勝利！不惜一切代價去爭取勝利，無論多麼恐怖也要爭取勝利，無論道路多麼遙遠艱難也要爭取勝利，因為沒有勝利就無法生存……）

牧師演講過程中充滿激情的眼睛一次又一次盯著馬總。

馬總後來說：「當時我覺得冥冥之中就好像是上帝派牧師來鼓勵我，我覺得牧師就是在講給我一個人聽的。」

馬總之後就再也沒有過放棄的念頭，給別人簽名時寫得最多的就是「永不放棄！」

而我個人有不同的看法，我更贊同馬總的另一句話：「比起演講者說的，聽者接收的更顯得重要。」其實馬總內心深處並沒有放棄的念頭，只是在困難的時候需要鼓勵而已。從表面上看那天是牧師鼓勵了馬總，而實質上是馬總的內心捕捉到了牧師的話（就像我每天捕捉到的只有笑話一樣）。我敢打賭，那天去教堂的沒有第二個人還會記得當天牧師說過什麼。

文化的力量

2008年5月之前，新人培訓的最後一堂課都是馬總親自講：「……阿里巴巴不會承諾你很高的工資和豐厚的物質財富，相反，進入阿里，你一定會承受很多的委屈和壓力……」第一次聽的時候我覺得這多少會打擊新同事的積極性，現在想來，說這些話太有必要了。雖然之後馬總已沒有時間親自給每一批新同事

講，但他希望新人都能知道。

　　每個人的人生都不相同，但很多人都有相似的心路歷程。念大學時都認為自己很行，而且無所畏懼，氣吞山河，「既然敢來到這個世界，我就沒打算活著離開！」畢業後擠破頭進了阿里巴巴，發現所有「歪瓜裂棗」在公司裡層級都比自己高。懷才不遇不說，而且往往最不喜歡的那個人剛好就是自己的「老闆」。這時恨不得跑去無人的曠野，高舉雙手大喊：「把地球停下來！我要下車！」熬過幾年，經過忍耐和努力，情況不知不覺慢慢好起來了，這時發現另一幢樓裡新來的美眉怎麼看怎麼順眼。想好了十八招去討人家歡喜，鼓足勇氣剛用了一招人家就「歸順」了，狂喜！春節帶回老家炫耀，發現真沒哪裡好玩，就去了趟小廟，隨便抽了支籤，算命和尚深邃的眼神透過墨鏡，告訴了你一句放之四海而皆準的真理：「你能夠一直活到死！」春節後你回到公司，有一天你突然發覺你已經成為新同事眼裡的「歪瓜裂棗」……

　　第一次讓我強烈感受到阿里文化是在2008年7月1日。

　　那天下午公司在杭州梅苑飯店召開組織部全體會議，其中一項內容是歡迎原中央臺節目主持人張蔚等新同事加入阿里集團。

　　晚上B2B中層以上會議在飯店繼續召開，一直開到第二天凌晨三點多。

　　會上大家都直言不諱，先是有老同事抨擊「空降」的新領導，認為「職業經理人」的那些技巧和規則不適合阿里巴巴，阿里巴巴靠的是苦幹精神，是「很傻很天真，又猛又持久」的精神。其中有位女同學還流著淚說：「當年我在一線時，之前跟馬

總從來沒有交流過，有一天馬總從我身邊走過，居然叫出我的名字還問了我工作情況。我感動得哭了，之後我整整三個月除了睡覺全是在工作，我願意！很快我就做到了第一。」

「空降」領導則認為技能的提升是必須的，並且越早越好。

有老同事還公然「挑釁」領導：「你之前換過多家公司，你能保證在阿里巴巴做幾年？」

當然也有老同事力挺新領導，說：「阿里巴巴價值觀中有一條是『擁抱變化』，既然大家口口聲聲說深愛阿里的文化，那你怎麼不能做到『擁抱』一個新領導的『變化』，『擁抱』一種新『思想』的『變化』呢？」

會上居然也有人挑戰馬總：「如果馬總您的決定出現了明顯的錯誤，那誰來制衡您？」

馬總很平靜地回答：「第一，公司沒有人可以制衡我。第二，如果我已經做了決定，哪怕錯誤的也必須執行。第三，你們都認為是錯誤的決定並不一定就是錯誤的。」

正如馬總說的，之後很快金融風暴席捲大地，馬總在幾乎所有高層一開始都反對的情況下，堅決執行「狂風行動」，大幅讓利給「嚴冬」中的中小企業，結果受到了中小企業的擁戴，客戶數井噴。雖然單價低了，總收益反而增加，「狂風行動」大獲成功。

如果說那晚的會議讓我吃驚不小的話，那兩天後的B2B三亞銷售會議就是讓我感動了。因為幾位之前「挑釁」領導的區域幹部已對領導的決定表示堅決支持。

現在我已知道了，每次「組織部」會議，就是說真話的會

議，大家把心裡的想法都抖出辯個明白，事後誰也不會計較。有些同事在會上被馬總「批」得「體無完膚」，晚上又會出現在馬總家喝茶、聊天，好像什麼事也沒有發生過。

　　奧運前夕ABAC會議在杭州召開，閉幕晚會在江南會舉行，馬總在晚會上又是唱歌，又是跳舞，還給各國的代表表演剛學的魔術。各國代表在馬總的帶領下玩得非常盡興。

　　2008年12月15日馬總在北京開完會議後，我們去西二環的淨雅酒店晚餐。這是一家山東海鮮餐館，在北京不只一家，從老闆到員工都是馬總的「粉絲」。我們吃完飯後，工作人員說他們趕製了一份禮物給我們。這時電視機裡傳出〈在路上〉的背景音樂，PPT展現的是馬總在不同地方的演講照片和經典語錄，還有我們的價值觀「六脈神劍」等，送上來的水果是柳丁，柳丁上刻著「102」，代表阿里巴巴要走一百零二年。

　　回公司後，我在內網上發了文章〈晚餐的感動〉。

　　12月23日北大周其仁教授訪問阿里巴巴，周教授對公司

馬總給全球代表表演魔術

ABAC晚會上馬總載歌載舞

「信任小賣部」等阿里文化很感興趣。「信任小賣部」在公司裡有很多個，沒有營業員，大家根據標價自覺拿貨投錢，這些年下來，「信任小賣部」一直運營著，錢從來沒有少過。

十週年慶典

2009年，公司十週年大慶臨近，各公司都在業餘時間緊鑼密鼓地準備著各自的節目。

萬人期待的「高管秀」卻一直沒有著落，因為九位高層主管要湊在一起太難了。

馬總決定在節目中唱一首英文歌曲《獅子王》。

這裡面還有個故事。幾個月前，馬總參加淘寶的一個項目討論，這個項目叫「辛巴計畫」。「辛巴」是《獅子王》裡小獅子的名字。會間休息，其中有人唱了兩句《獅子王》的主題歌，馬總覺得這歌不錯，就埋下種子了。

我把《獅子王》主題歌的碟片放在馬總車裡，有空就放給他聽。但馬總太忙，基本上不能靜下來集中精力聽。

　　9月6日晚上是九位高層主管唯一一次集中彩排。那時馬總還是不會唱，結果彩排時馬總的部分由我代唱。所有節目組的人都為這個節目捏一把汗。

　　9月7日馬總的日程還是排得滿滿的。我去附近的KTV訂了包廂，強行把馬總拖過去唱。馬總唱了幾遍，說：「這歌詞還是蠻難記的，要不我試試另外一首，那一首我會唱。」於是馬總又唱了幾遍另外一首「You are so beautiful to me」（〈在我心中你是那麼美〉）。

　　第二天當我通知樂隊馬總要換歌時，導演組和幾個高層主管強烈反對。因為那是一部美國電影裡的歌曲，電影說的是黑社會老大愛上一女子，但人在江湖，欲罷不能的故事。但馬總不以為然，認為歌曲本身沒問題：「我是唱給所有員工聽的，在我心中所有員工都是那麼美。」

　　演出當天，馬總又決定兩首歌都唱。為預防忘歌詞，我列印了好幾份給馬總備著。

　　當晚，演出非常成功，來了近三萬名員工和家屬，還有很多企業家朋友也慕名來觀摩。「高管秀」更是把晚會推向高潮，公司的高管們穿著造型非常酷的龐克裝，以樂隊的形式登上舞臺，整個體育館都沸騰了。當馬總頭上插著羽毛，化著大濃妝，唱著Can you feel the love tonight登場的時候，體育館裡的尖叫聲簡直就像是山呼海嘯一樣。當晚于丹遲到，當她進場從臺前走過時馬總剛好穿著龐克裝從舞臺上升起，觀眾沸騰了，于丹卻驚呆了：「那是馬雲嗎？我的天哪！他瘋了！」

阿里巴巴十週年慶典上馬總的龐克造型

　　在現場所有人都覺得馬總的唱功非常了得，不過馬總自己下臺就笑著說：「我是個忘歌詞的主唱，戴上墨鏡我根本看不見手裡的歌詞。」但這並不影響他奪目的光芒。

　　馬總演完「高管秀」，換了服裝又上場演講：「……未來十年，去幫助一千萬家企業生存、成長和發展，創造一億個就業機會，為十億人提供眞正價廉物美的平臺……」這是一次很經典的演講，被人稱爲「我有一個夢想」式的演講。它爲阿里巴未來十年的發展指出了方向，很激動人心。

　　楊致遠當晚也在場，他也是個很幽默的人。晚會結束時，有人問他晚會怎麼樣，他說：「節目眞不錯，整個過程我僅僅睡著過兩回。哈哈！」

　　那次晚會後，杭州一些知名企業也來公司交流，說他們的企業領導也很「重視」企業文化，但員工參與的積極性不高。

我說：「什麼叫『重視』？『老大』帶頭，親自參與才叫重視。榜樣的力量是無窮的，只停留在口頭上的任何語言都是蒼白的。」

　　他們覺得有道理。

再痛，也要堅守誠信

　　2011年2月21日下午，公司召開了全體組織部大會，這是唯一一次大家事先都不知道會議內容的大會。

　　會議之前，我看見B2B總裁衛哲從馬總辦公室出來，當時他的表情是從未有過的疲憊。

　　會議開始，馬總宣布「同意衛哲辭去B2B總裁職務的請求⋯⋯」時，所有台下同事都表情愕然，但卻沒有發出一點聲音⋯⋯

　　之後，剛剛重新擔任集團首席人力官的彭蕾上臺發言，講到情真之處，眼淚奪眶而出，她沒有拿紙巾擦，也沒有背過臉去，任憑眼淚流下。停頓的十五秒鐘，臺下依舊鴉雀無聲，讓人感覺有一個世紀那麼長。

　　會議結束後我陪馬總趕往機場，這時「全世界」都已知道這件事，一路上不斷有企業家朋友打電話給馬總，我在馬總身邊也能依稀聽到電話那頭的聲音，一個說：「馬雲，你這次是大手筆！⋯⋯」另一個說：「動靜是不是搞得太大了？開掉一個副總裁也能表明你的決心了，幹嘛把衛哲都開了⋯⋯」再一個說：「馬雲就是馬雲，我頂你！⋯⋯」

　　馬總接完電話對我說：「陳偉，在戰場上拚刺刀，手腳被

敵人刺一刀是感覺不到太痛的,而在家裡你要砍掉自己一隻手,那個痛⋯⋯」馬總疲憊的臉上表情複雜。

同一天,所有阿里人收到了馬總的郵件:

⋯⋯

過去的一個多月,我很痛苦,很糾結,很憤怒⋯⋯

但這是我們成長中的痛苦,是我們發展中必須付出的代價,很痛!但是,我們別無選擇!我們不是一家不會犯錯誤的公司,我們可能經常在未來判斷上犯錯誤,但絕對不能犯原則妥協上的錯誤。

如果今天我們沒有面對現實、勇於擔當和刮骨療傷的勇氣,阿里將不再是阿里,堅持一百零二年的夢想和使命就成了一句空話和笑話!

這個世界不需要再多一家互聯網公司,也不需要再多一家會掙錢的公司;

這個世界需要的是一家更加開放、更加透明、更加分享、更加負責任,也更為全球化的公司;

這個世界需要的是一家來自於社會、服務於社會、對未來社會敢於承擔責任的公司;

這個世界需要的是一種文化,一種精神,一種信念,一種擔當。因為只有這些才能讓我們在艱苦的創業中走得更遠,走得更好,走得更舒坦。

⋯⋯

裸男「蒙古人」

2010年1月，馬總從北京運來兩件藝術品雕塑，一件是銅的，一對裸體男女站在荷花上，雕塑泛著銅綠，是做舊的效果，2.2公尺高，落在園區「星巴克」的旁邊。另一件是名為「蒙古人」的健壯裸男，高3.6公尺，落在正對大門的草坪上。為使他顯得更偉岸，在馬總的建議下，草坪上的幾棵小樹也被移走了。

雕塑一落成，同事們反應之強烈超出了我的想像，內網上的罵聲更是如錢江大潮般洶湧。

有人說：「本來在阿里巴巴工作覺得很驕傲，現在每天一到公司先看到一個高大的裸男，覺得很臉紅，羞愧難當。」

有人說：「『星巴克』旁邊上放一對『生銹』的裸體男女，我們去喝咖啡都覺得難為情，而且覺得咖啡也是生銹的。」

還有人把「蒙古人」的照片貼上各種服裝，堅決要求要麼把雕塑搬走，要麼穿上衣服。

……

馬總當時在國外，也聽到了各種說法。他還沒有看到現場效果，發訊息給我：「跟園區不協調嗎？」

因為我之前跟馬總去過北大和「798」，看過很多更前衛的雕塑，所以我到現場看了後，回覆馬總：「畫龍點睛，沒有——不行！」

我跟身邊的同事們說：「三個月後你們會為今天的言論感到羞愧的。」

記得當時唯一跟我看法一致的是B2B負責行政的同事王詠梅

裸男「蒙古人」——「給力」

（是她和我對接，負責安放雕塑的）。

　　果然，過了一段時間，大家看著看著就喜歡了，也不會感到「難為情」了，不少人還把「蒙古人」當背景拍照，中飯後還繞著「蒙古人」散步。

　　可是接待部的同事還有問題，因為來參觀的人都在問「蒙古人」寓意是什麼。

　　於是她們就開始「著手」編寓意：「裸體代表阿里巴巴開放透明，強壯代表阿里『又猛又持久』的文化。」

　　這件事搞得馬總哭笑不得，他說：「如果我在那裡種棵樹，你會問我啥寓意嗎？那就是一個雕塑，你喜歡，很好；你不喜歡，也沒關係。你難道說身邊有長得不漂亮的同事你就不好好工作了？」馬總接下來笑著說：「這個3.6公尺，等淘寶城建好，我整一個6.3公尺的大胸裸女過來，看大家怎麼說。」

2010年年底，公司最受歡迎的禮物就是「蒙古人」的「縮小版」，像奧斯卡的獎盃一樣，名字是「給力」。

剪不斷的「娛樂」結

　　來阿里巴巴之後，有很多同學來問我關於娛樂界的事。其中被問及多次的一個問題是：「你覺得娛樂界和網路界哪個更有意思？」

　　我回答他們：「沒法比！5比3大，3比5粗，所以才有一個哲學成語叫『五大三粗』。」

　　愛釣魚的十八「方的」之一謝世煌聽了笑個不停：「原來『五大三粗』是哲學成語，哈哈！」

　　還有一個問題也常有人問：「你覺得最漂亮的女明星是誰？」

　　「每個劇組的二線女演員。」我真是這麼認為的，辛棄疾說過這樣一句話：「花不知名分外嬌。」其實很多女演員都很漂亮，但如果出了名，大家就會很挑剔或很批判地去看她們，挑著挑著就有毛病了。

　　2009年集團事務部大部門開年會，馬總給每個小部門做總結，說到我時，馬總沒有正面點評，而是用了一個很特別的方式：「從前我打電話給張紀中，他都表現得很快樂。而現在我打電話給他，他總是說『煩死了』。關於陳偉，我就不做其他點評了。」

　　2009年3月，張紀中版的《倚天屠龍記》當時在武夷山拍攝。一個週末，我帶著公司裡三位「追星族」美眉開車去武夷山

公司美眉武夷山客串黃衫姑娘的隨從

探班。

　　在探班的兩天裡，公司美眉近距離見到了鄧超、安以軒等眾多明星，還跟明星們一起吃飯、聊天。當聊到「淘寶網」時雙方更有話題了。明星們經常在偏遠的地方拍戲，當地沒有大商場，所以他們都在「淘寶網」上購物。去的美眉業務水準很高，有問必能答。

　　事後我問其中的笛笛同學：「他們的問題撞到妳槍口上了吧？」

　　她自信地說：「公司的業務，問啥都在槍口上。」

　　第二天文戲組拍「黃衫女子」的出場戲。導演聽說我帶了人來探班，就臨時撤換了兩個演員，讓公司美眉換上古裝出演「黃衫女子」的隨從，不僅探了班，還過了把戲癮。

　　2009年4月，「環保大使」周迅在杭州，那時她還沒有離開

《風聲》首映式上周迅和公司美眉合影

華誼。大家知道，愛看電影的馬總是華誼的大股東之一，周迅要跟「老闆」談談利用網路的平臺提倡環保。馬總也一直致力於環保工作，那天正在永福寺跟淘寶網的高層開會，於是就約在永福寺內與周迅會面。

　　早在2001年拍《射鵰英雄傳》時我就認識周迅了。周迅到時，馬總還在會議中，我就陪周迅團隊先喝茶聊天。雖然我對怎樣合作還沒有任何思路，但這絲毫不影響我「吹牛」的熱情。周迅也顯得很開心，儘管她腿上被沒有「修煉成佛」的山蚊子叮了許多紅包。

　　馬總開完淘寶會過來，和周迅團隊邊用餐邊談。吃的是寺裡的素齋，做得非常好，馬總和周迅都讚不絕口。

　　後來電影《風聲》首映式在杭州舉行，周迅邀請馬總參加。馬總沒有時間就安排我去辦，我在不同分公司挑了四個美

眉，出發前我給周迅的助理阿美提出兩個很「過分」的要求：放映前的記者會要指定提問阿里巴巴美眉；要跟阿里巴巴美眉合影。周迅一一答應。

有一回我陪馬總在北京開會，在飯店的大廳巧遇了幾年前在我們《碧血劍》劇組飾演「阿九」的演員孫菲菲。

聊到淘寶網，孫菲菲興奮異常。她對淘寶網比我要熟悉得多，幾乎所有的化妝品和日用品都是在淘寶網上買的。她說很多演員都跟她一樣，拍戲期間沒時間逛街。她說：「有了淘寶網，商店隨身帶。」

孫菲菲還專門畫了一本漫畫，講解她的淘寶攻略和心得。

回杭州後我讓《淘寶天下》雜誌的主編聯繫孫菲菲。雜誌是週刊，很快有一期介紹了孫菲菲和她的漫畫，那期封面是孫菲菲一張極其漂亮的照片，像赫本的一張經典照。

2009年12月，《時尚》雜誌年會在國家體育館召開，馬總和史玉柱等被評為「年度時尚先生」。

當晚來的明星太多了，章子怡、孫紅雷……一個接一個，看得讓人直打飽嗝，一點消化的時間都沒有。怪不得剛拿了影帝的黃渤上臺時說：「我爬呀爬，以為爬到了八十層。結果抬頭一看，我還在地下室。」

《時尚》雜誌的領導團隊和馬總也熟。馬總有一回還去給他們中層以上幹部做過分享，交流思想。馬總對他們的創新思路很讚賞，記得交流後馬總開玩笑地說：「原以為這些雜誌沒有人會看，跟你們交流過我明白了，女人是生活在幻想中的動物，以為穿的和明星一樣就跟明星一樣漂亮了。其實女人比男人聰明，現實也好、幻想也好，開心才是硬道理。」

銀泰的老總沈國軍是馬總最好的朋友之一。很多人都跟我有相同的看法，認為沈總是企業家裡光憑長相就可以「混」在明星隊伍之中的。沈總很帥也很謙和，我之前一直認為沈總是沒有被「紈褲」的「富二代」，直到在《時尚》雜誌上看過沈總的創業史才知道，完全不是我之前想的那樣，太了不起了！

橘子洲頭

沈總說話很少，因為不需要，他在銀泰的成就已經說明了一切。而不像我等，在不到十人的部門裡也需要不停地「吹牛」以證明自己依然存在。

2009年年底我陪馬總飛長沙。儘管馬總一直對毛主席無比敬仰，不過這還是馬總第一次到湖南。我們先參觀了岳麓書院，再去了毛主席當年「浪遏飛舟」的橘子洲頭。橘子洲頭剛落成了巨大無比的毛主席頭像雕塑。

馬總看了撰刻在橘子洲頭的〈沁園春·長沙〉後說：「看了毛主席的詩詞，我明白了什麼才是胸懷天下；看了毛主席的字，我知道了什麼才叫隨心所欲。」

晚上我們見到了湖南衛視的歐陽台長。歐陽台長是中國電視界的傳奇人物，「超女」、「快男」都是他的作品。

還有汪涵，他之前跟馬總就很熟，這次他決定參加策劃並主持淘寶網和湖南衛視合作的節目《越淘越開心》。他跟馬總有

一個相互的彙報制度：他來杭州必須告訴馬總，馬總去長沙也一定會通知他。

第二天晚餐來了很多人，其中一個高高瘦瘦很有氣質的男人跟馬總談得很投機，是湖南當地人，可是中途他就離開了，說：「我先去準備一下，待會兒見！」

飯後大家都去聽「譚盾新春音樂會」，音樂會開始後我看到那個高瘦的男人站在臺上，這時我才知道他就是譚盾，之前只聽過名字。

馬雲的興趣

大家都知道，馬總從小熱愛武俠、對學英文和太極也情有獨鍾，其實馬總的興趣遠遠不止這些。

馬總喜歡看各種電影，尤其喜歡看第二次世界大戰時期的片子。有的片子看一遍還不過癮，過些日子又「復習」一遍。有一天馬總對我說：「陳偉，你去幫我買個正版碟，是講艾森豪和巴頓的電影，好像片名裡有dawn，我之前看過，我要再看看。」

馬總對戲曲也很喜歡。有一次到北京，約朋友在梅葆玖的故居吃飯，店裡有青年男女為客人表演京劇，馬總點了一段又一段，還不時喊：「好！好！」

回到杭州後他意猶未盡，還買了很多京劇的經典唱片，一邊聽還一邊點評：「×××的××段唱得真好，而×××我就不喜歡，要多難聽有多難聽，陳偉你說是不是？」

「對不起，馬總，我聽著都一樣，就一個味。」我實話實

2009年5月，五位公司美眉客串《梁祝》

說。

馬總還喜歡聽聲樂，特別是帕華洛帝的，在家常聽，有時還跟著唱，閉上眼睛，很陶醉的樣子。一開始我很不喜歡聽，說：「馬總，原以為只有卡拉OK是唯一把自己的快樂建立在別人痛苦之上的活動，現在發現還有聽聲樂。」可是後來聽多了，發現聲樂還是很好聽的！

馬總在杭州有空的時候，還會帶我們去看越劇和崑劇。

還有一次我們去看台灣舞臺劇《寶島一村》，真不錯，這麼簡單的布景，透過語言就把故事講得生動感人。

馬總夫婦和越劇名家茅威濤是好朋友，茅威濤有演出都會通知馬總。

我陪馬總、紹總等去看茅威濤的《梁祝》。演出結束時馬總去後臺獻了花籃，又和茅威濤一起吃了夜宵。何賽飛等也在場，還有中央電視臺著名戲曲主持人白燕升。他們跟我們講了很

多老藝術家的經典故事，而且是邊說邊演，非常生動。

之後藝術家們要求聽聽我們講。馬總派我做代表，於是我把一些有趣的故事串起來，用在一封唐僧寫給回花果山「休假」的孫悟空的信裡：「悟空，你走後我們搬家了，但是地址沒有變，因為我們把門牌也帶走了……悟空，你走後八戒懂事多了，我告訴他的任何秘密他都會馬上告訴村裡所有人，他說：人多力量大，就讓所有人來共同保守這個秘密吧！……沙僧也比從前懂禮貌了，他總是恭敬地讓女士們走在他的前面，尤其是經過雷區時……女兒國真是一個美女如雲的地方，我們一個都沒有見著，因為那裡晴空萬里，沒有雲……」

白燕升聽後用很誇張的語氣說：「哎呀！網路界真是藏龍臥虎啊！」他轉向茅威濤說：「我們顯然露早了！」

事後馬總說：「這個套路不錯，啥故事都能串進，我準備下次年會上念一封孫悟空給唐僧的回信，哈哈！」

其實茅威濤跟我也是很多年的朋友。2000年在《笑傲江湖》裡她演「東方不敗」時跟我就認識，2010年拍《梁祝》的電影，馬總不在杭州，我就帶著公司不同部門的美眉去客串了一把，用馬總開玩笑的話說就是：「派你去拯救一下傳統戲劇。」

2008年奧運會期間，應馬總的推薦和邀請，《非誠勿擾》在杭州的西溪濕地拍攝，大大提升了西溪的知名度。拍攝期間我陪馬總多次去劇組探班，也常和馮導一起喝茶聊天，近距離感受了馮式幽默，還見到了葛優、舒淇、方中信、徐若瑄等明星。

2008年11月，有一晚馬總帶我去了馮小剛家。馮導家布置得很藝術，有些雕塑作品也很另類，接近「798」裡的東西。當天他家裡還來了一些明星客人，記得有陸毅。

陸毅真的很帥。馮導家的走廊裡有一個很長的鏡子，當我跟陸毅前後走過時，我看了看鏡子中的兩人。從前自詡為「超帥」的我一下子自信全無，除了身高183公分比他高出一點點外，其他我一無是處。這是新中國成立以來我對鏡子裡的自己最失望的一天。

　　之後大家一起在馮導家看了《非誠勿擾》的「毛片」，當時音樂還沒配上，字幕也還沒有。

　　看完電影馮導告訴我們，本來戲中秦奮相親還有一段，就是一位潮女身上爬了一隻珍稀的美洲蜥蜴，秦奮問：「這蜥蜴哪來的？不好買吧？」女的說：「老土啊，現在哪有什麼不好買的，淘寶上買的。」馮導說：「這本來是個時尚潮流，可是播出一定又會被說成廣告，最後我忍痛剪了。」

　　前兩天看《非誠勿擾2》，果然有潮流元素：「你淘寶上訂的輪椅到了。」

　　但是那天在馮導家看完之後我有些擔心，我覺得沒有《大腕》等之前幾部好。但一個月後上映，票房成績證明我是錯的。

　　於是我開始反思自己，可能是《非誠勿擾》中的故事類型不是我特別喜歡的，也可能是其中的「包袱」我在拍攝期間已經聽過了。而大師就是大師，他不是為某個群體服務的，為的是「最廣大人民群眾的根本利益」。

　　那天看完電影回到飯店已經很晚，馬總說：「如果張英不問你，你就別說我們今天很晚，否則她又要說我不好好休息。」

　　「如果明天她問呢？」

　　「那你就加一句，看電影那也是休息。」馬總交代。

　　2009年5月22日，我陪馬總去上海參加會議，結束後驅車趕

回杭州，在「山外山」跟馮小剛團隊共進晚餐。馮導決定在杭州拍《唐山大地震》的一部分，戲中女兒上大學的地方選定在六和塔邊的浙大分校，正是我念大學的地方。在我讀書時，校園裡也拍過一齣電影《流亡大學》，講的是抗戰時期竺可楨任校長時的故事。

馮導講故事很有感染力，他講《唐山大地震》的故事，在場所有人都感動不已，連連叫好。據說，馮導決定要拍《唐山大地震》就是因為這個故事中與眾不同的那個「亮點」：一個媽媽面對一塊水泥板下壓著的兩個親生孩子，一頭是兒子，一頭是女兒，只能救一個，她會做什麼選擇？這是世界上最痛苦的選擇，但是作為一個故事來說，也是最擊中人心的一個點。

馮導選擇「亮點」的眼光極其精準，難怪他的電影總是那麼受觀眾歡迎。

馮導對馬總也非常欽佩。2010年11月8日晚，在北京銀泰中心舉辦的「楊瀾訪談錄十週年慶典」上，馬總和馮導被同時評為「十年進取人物」，而馮導一上臺說的是：「馬雲是位預言家，他五年前跟我說過：中國電影在五年內會有單片票房過五億元，《非誠勿擾》達到了；會有文化公司上市，華誼做到了……」

後 記

最沒有追求的「阿里人」

馬雲

在阿里巴巴工作滿三年的叫「阿里人」，滿五年的叫「五年橙」。馬總說他自己四十五歲時提前「知天命」，那我現在提前兩個月說自己是「阿里人」。

我有機會跟馬總參加集團內部各種高層會議，這對別人來說是求之不得的事，也是瞭解公司業務和提升自己的最佳途徑。而我往往是聽了幾分鐘就偷偷溜出會場，在各種全國性的企業家會議上我也是如此。有時馬總會發簡訊給我：「進來聽聽」。

馬總說我是阿里巴巴最沒有追求的人，有時也會加一句：「幸虧你的工作不是太需要追求。」

我想也是。業務部門、創新部門更需要追求，我的那部分就算送給他們了。我認為，劍鞘的職責是在保護劍「利」的同時，安心於自己的「鈍」。再說了，聽了那麼多次馬總的演講，再去聽別人說——需要被綁在椅子上才行。

馬總在不同場合說過類似的話：「……剛創業時我有一個夢想，有朝一日我可以在羅馬喝早茶，去巴黎吃中餐，到紐約吃晚飯。現在實現了才知道，那簡直就是個災難……」

「女兒們」和愛情詩

2010年初亞布力會議結束時，馬總和銀泰的沈總搭一位年輕企業家的商務機回北京。在飛機上，這位企業家興奮地說：「經過培養，我已經讓×××去負責××，讓××管理×××，我現在基本上能保證每週休息一天了。」他接著說，「今年如果××進步再快一點，幫我管理××，那我就可以跟老百姓一樣，每週休息兩天了。」他說的時候眼睛裡流露出無限的憧憬。我當時心裡想：兄弟，您就努力工作吧！您嚮往的生活我會幫您體驗的（2010年起部門已有壯大，我被允許可以「有選擇」地陪馬總參加各地活動）。

經常有人說，領導在與不在時一個樣。而這句話馬總則很不贊同。

馬總經常跟高層主管說：「你在與不在一個樣，那公司花錢聘你做什麼？公司聘你是希望因為有你在而很不一樣。」

對馬總的話我細細想過後，完全支持！因為很多時候「在」甚至比「做」都來得重要。翻開歷史看看，多少重大事件都是因為皇上「不在」才發生的。為什麼老皇上「不在」前，即使他啥事都不做，每天流著「哈喇子」（編按：東北方言，意指是口水），把「張三」叫成「王五」，別人也不敢反，就因為他還「在」。

為了證明馬總說得對，所以在馬總出國又沒有帶著我的時候，我就「散漫」很多。每天中午帶公司不同的年輕人出去吃飯，其中女孩子居多。公司離靈隱和龍井都不遠，山清水秀，空

氣清新。我們在露天吃吃農家飯，講講明星或馬總的故事。不知從哪天起，他（她）們就開始叫我「陳爸」了。

馬總有幾次開玩笑地「提醒」她們：「你們千萬不要上了陳偉的當，錯開輩分是讓你們疏於防範，他這一招是跟著名科學家學的。」

儘管常請客，但還是「外債」越來越多，因為我把「中午請你吃飯」當「hello」在說。後來我告訴大家：「說的人當真就成了『誓言』，聽的人當真就成了『諾言』，雙方都沒有當真那就是『戲言』。關於吃飯全是『戲言』。」

吹牛是一件特別快樂的事，如果你會。我常編一些故事在吃飯時跟大家講，比如：

「史上最早的愛情詩你們知道是哪首嗎？」我問。

「中國的還是外國的？」

「『關關雎鳩』嗎？」她們問。

我說：「比那早太多了，史上最早的愛情詩出自我們杭州，是北京周口的男猿和雲南元謀的女猿走到杭州相遇，男猿對女猿念的那首詩：

你來自雲南元謀，

我來自北京周口，

我拉過你毛茸茸的手，

輕輕地咬上一口，

愛情——讓我們直立行走。」

還有，「當年黃帝看上一女子，打繩結表愛意，結果被小狗一扯意思大變……從『I miss you』變成了『去死吧』。倉頡愛吹牛，遊手好閒，於是黃帝派他造字……」

或者，「春天來了，花也開了，我的精神分裂症也好了，我和我，還有我都很好……」

　　大家都知道不是真的，但愛聽。

　　記得2010年10月馬總去芝加哥時，我在公司附近的藍御宮把周邊叫我「陳爸」的「女兒」們叫來吃飯，一共來了十三個。結束時我才發現餐廳裡所有男人都向我投來仇視的眼神，包括男服務生。

吹牛是一種健康的生活態度

「阿里巴巴商學院」已經成立，我有空還「應邀」去商學院講講課。

阿里巴巴商學院是馬總的母校杭州師範學院和我們公司合辦的商學院。2009年10月，學校邀請我去上過一堂大課，講「明星背後」。

那天到了學院，看到校門口貼著一幅我當年客串袁崇煥的大幅劇照和言過其實的介紹，我開始緊張起來。

跟校領導一起吃了晚飯後，我忐忑不安地走進會堂。台下座無虛席，我硬著頭皮走上講臺。

我的開場白：「今年暑假某餐館來了兩桌客人，都是孩子考上大學來慶祝的。餐館老闆過去敬酒，到第一桌，問：『小妹妹，妳考上哪所大學了？』女孩說：『杭州師範大學。』老闆睜大眼睛，無比崇拜：『太恭喜妳了！妳就要成為我的偶像——馬雲的學妹了！』之後，老闆去了另一桌，問：『小弟弟！你考上哪兒了？』男孩說：『清華大學。』老闆默默走到男孩身後，拍拍他的肩膀說：『別難過，好歹也是一所大學嘛！』」全場爆笑，之後我就放鬆了。我講了馬總創業前的趣事，講了張紀中、徐克等，也講了劇組的趣聞。其間還有幾次有獎問答，獎品是馬總的簽名書，比如我問：「做製片要把問題考慮得面面俱到，有時候很小的原因也會影響整體的拍攝。《鹿鼎記》中有一場戲是韋小寶帶七個老婆戲水，演員都在，天氣也很暖，水也很乾淨，可是幾天過去了，就是這場戲拍不了，為什麼？」

同學們都回答不出，我說：「七個女人在同一天能下水的機率非常低。」

　　同學們哄堂大笑。整個講座大家爆笑了很多回。

　　第二天我見到馬總，馬總問：「昨晚講得還行？」

　　我一聽馬總的語氣就知道學校有人已經跟馬總彙報過了。

　　我「輕描淡寫」地說：「一般，講了一個半小時，走出會場花了兩個小時。」

　　馬總開玩笑：「把你踩扁拖出來需要這麼久嗎？」我早該料到跟馬總吹牛不會有好結果。

　　2010年3月3日，我所屬的大部門在杭州召開年會。之前通知我要發言，可是我陪馬總從北京回來已是下午，之後馬總還要參加一個植樹的現場會，下飛機後會場一直在催我。於是我讓別的同事陪馬總，我趕往會場，如果那天晚半個小時趕到會場，我將錯過這次「吹牛」的機會。

　　我的發言沒有主題：「……最近我聽到一個名詞解釋，『吻』是兩個靈魂在嘴唇相遇。請各位在座的阿里人都捫心自問一下，是否曾真正『吻』過。還有一句話，『每個人都會死去，但並不是每個人都曾經活過』。大家需要想一想，怎樣才能真正地活過……這兩年跟隨馬總走南闖北，我見識了一些優秀的企業家。聽馮侖演講，他說『偉大是熬出來的』。我頓時欽佩不已。後來書上看到雍正皇帝也曾說過，『皇上不是當出來的，是熬出來的』。於是我思考後發現，其實『熬』本身就是『偉大』的積累，比如桌上這個五元的玻璃杯，它什麼都不用做，如果能『熬』上八百年，它就值五百萬元……郭廣昌說『美好的生活是浪費出來的』，我立即對他產生了崇拜。之後我對『虛』和

『實』進行了思考，發現有時『虛』比『實』更重要。還說這個玻璃杯，我們買它花的是玻璃的錢，可是玻璃不是我們要的，我們需要的是中間空的部分。我們花完所有積蓄買了間房子，付的是鋼筋、水泥、磚頭的錢，可那些是我們永遠不用的，我們用的同樣是中間空的部分……我還發現公司內部的高層主管都很有意思，『阿里雲』總裁王堅博士是一個集大成的人，跟他聊天會很有收穫，比如，他會告訴你直升機不是飛機，它是一個會飛的運輸器。這就是為什麼每個國家都沒有把直升機編在空軍裡的原因。公司每一位技術人員都欽佩王博士，儘管王博士大部分的話他們聽不明白。我說這就對了，20%能聽懂的，讓你明白該如何工作，80%聽不懂的讓你堅信公司會有意想不到的未來……『總參謀長』曾鳴教授說『我們是在做前人沒有做過的事，不要幻想我們最初的設想一定是對的，我們要勇敢地試錯』。太富有哲理了！之後我想這是不是我們常說的『失敗是成功之母』呢？曾教授的優秀之處就在於能把早就讓你耳朵麻木的道理，換成優美的句子，使你印象深刻……淘寶總裁陸兆禧，名字就非常有意思，『陸』就是『6』，『兆』在中國的文字裡既可以是百萬，也可以是百萬個百萬，也就是萬億，『陸兆禧』：年交易額『六兆元我就高興了』，可見這個名字一開始就是衝著沃爾瑪來的……」

「欽差大臣」和沒文化

馬總一般出國前會關照我：「去各子公司看看，瞭解瞭解公司業務，發現有啥不對勁的告訴我。」

這是什麼？同學們，這是「口諭」！意味著接下來的幾天我就是「欽差大臣」。

於是，我除了看信和接待「來訪」等「必修課」外，就去子公司亂轉。有幾個朋友是必須去見的，比如B2B的CFO武衛等。去跟「最有追求」的人共度短暫的「最沒有追求」的時光。

武衛是我見過的最「明白」的人，因為管財務，所以她對整個公司運營狀況最「明白」，還有她能三言兩語就說「明白」我之前完全不懂的東西。

她是我的「信友」，我們有好玩的段子都會相互發送。她常調侃我：「你這樣的人能夠待在阿里巴巴真是一個奇蹟。」

我答：「馬總說了，阿里巴巴不是養殖場，而是動物園。動物的『種類』越多越生態。」

武衛的辦公室坐西向東，座位後面偌大的書架上沒有一本書是我能看懂的，而她抽屜裡的書我能看懂，因為都是漫畫書。有一天中餐時間我去她辦公室，她無比快樂地翻開一本漫畫書，一邊笑個不停，一邊「堅持」讀給我聽，儘管那些字我也認識。最後她把其中一本《大紅臉》送給我，表情是無限的慷慨和不捨。

前些日子我發簡訊給她：「我準備把這幾年的助理工作整理成書。」

她回訊息「嘲笑」我：「寫書不是要有文化的嗎？」

我回覆：「你錯了，看書需要有文化，寫書不用。」

思考後我證明了這個看似「沒有道理」的「理論」。我找到武衛：「寫書所需要的所有知識在小學全都學完了。比如《道德經》第64章中有：

合抱之木，生於毫末；

九層之台，起於累土；

千里之行，始於足下。

三句話同一個意思，最好的是第三句，小學一定學過，你寫書用足夠了。前兩句一般般，但別人可能寫出來忽悠你，所以爲了看書你讀完小學還不夠，還得往上念。」

馬總雖然知道我的生活態度一向如此，喜歡吹牛，安於平庸，不求上進，但關於爲什麼「沒有追求」這個問題他有時還是會問。

記得有一次在北京不是太忙，馬總帶「大腳」（金建杭，十八「方的」之一）和我三人吃晚飯，他們兩位輪番「拷問」我有沒有更深的原因或事件導致我這樣。我當時說：「當一個人從一樓爬到九樓之後，他能體驗到的只是第九樓而不是九層樓，而每層樓都有自己獨特的風景。」其實我自己對這個問題也沒有答案，我只是隨便說說而已。

馬總接著問：「假如經濟和個人能力方面都不成問題的情況下，你最希望怎麼活？」

我忘了當時我是怎樣回答的，如果現在說，我希望：2012年12月21日，杭州「淘寶城」建成起，馬雅新紀元開始，我可以在淘寶城做個「巡視員」，想去哪個部門就去哪個部門，想跟誰吹牛就找誰吹牛。

附　録

附錄一　亞當猶豫了

阿里巴巴十年走來，每個人對公司都會有不同的詮釋，而我個人認為目前公司僅僅是一種思想的「初見成效」，而這種思想是什麼？從哪裡來？又會發展成怎樣呢？

大家知道，馬總跟蓋茲、巴菲特、柯林頓、索羅斯等都是好朋友，一有機會他們就會深入交流，碰撞思想。

馬總的時間安排得非常緊，但他還是會「不顧一切」地擠出時間去見見佛學高僧、道學奇人、哲學家等。

有時我有幸旁聽，有時我只能在外屋做「護法」。他們在裡屋促膝論道，我在外屋促膝妄想（左膝碰右膝），妄想有時也會有點心得，節選一篇，供大家評判。

亞當猶豫了

人類的歷史從某種意義上來說，就是探索宇宙終極意義的歷史。

各個時代的哲學家們神遊物外，形成不同的哲學思想，可是在終極意義這個問題上不是趨於神學就是趨向悲觀，認為宇宙漫無目的，毫無意義。

其實宇宙或有終極意義，但一直沒有被揭示。其原因只有一個，借用一下宗教故事，我認為那就是「亞當猶豫了」。

在同樣有猛獸毒蛇的伊甸園裡，瞎眼的亞當和夏娃能存活下來全靠上帝的庇佑。蛇的啟迪使亞當偷吃了蘋果於是有了視

覺，加上上帝之前給予他的耳、鼻、舌、身、意，亞當有了「六根」，可惜「六根」僅夠生存延續而不足以認識整個宇宙。

　　當時亞當如果趕在上帝到來之前，勇敢地、毫不猶豫地吃下伊甸園中所有其他的果子，他及他的後人——人類，除了視覺外還會增加「A覺」、「B覺」……我們把這些增加的「覺」歸納起來叫做「明覺」。那樣的話，我們或許有可能和上帝一樣，有能力明白宇宙的終極意義。

　　而人類的自信遠遠超出了人類的智慧。認為智慧可以彌補感官的不足，其實不然。舉個例子，你能向一個天生失明的人表達清楚什麼是「紅色」嗎？假如人類共同缺失了一種或多種感知世界的感官——「明覺」，那還能對世界有正確的認識嗎？

　　聖雄甘地說過：簡單是宇宙的精髓。如果人類有了「明覺」，也許終極意義就像禿子頭上的蒼蠅——明擺著了！

唯物主義的欠缺

　　唯物主義的基石之一：意識是人腦的產物，而人腦是物質的，所以物質決定意識。這個推理顯然是站不住腳的。就算先有人腦，再有意識，物質決定了意識的「出生」，可是並不能決定意識的活動。這就像父母和子女的關係一樣，父母無法決定子女的發展。唯物主義還認為，所有深邃的思想和強烈的感受也只不過是人腦中粒子的排列組合而已，而任何粒子的運動都遵循著一定的規律。如果當真如此，人就沒有自由意識了，人腦中的粒子按規律運動成怎樣我們就有怎樣的思想。這和我們親身感受到的根本不同，我們堅信人類是有自由意識的。

科學的陷阱

　　在培根之前，科學和神學在很多時候是混雜在一起的。培根說，「知識就是力量」，「知識從實踐中來」。之後科學有了長足的發展，於是越來越多的人認為知識就是科學，科學就是真理。目前科學已經能夠測出人腦中的電磁波，於是一些科學家就認為人類的意識就是這些電磁波而已。其實不然。科學測出的電磁波並不是意識本身，而是意識「遊過」大腦濺起的「浪花」。意識是無法用物質的儀器檢測出來的。不僅物質的儀器不行，即使用意識去探索意識，前途仍然是渺茫的。

　　於是我們懷疑，科學是不是上帝設的一個陷阱、一種「利誘」？而我們又缺失「明覺」，人類有可能會走進科學的死胡同，從而對世界感到絕望。

宗教的孤注一擲

　　人類是最尷尬的物種，其他物種沒有認識宇宙的需求，但他們也許同樣有輪回，或以其他的方式最終到達了新的世界。而人類有認識宇宙終極意義的需求卻又沒有能力。人類從來就不甘心世界的不可理解，儘管探索宇宙的每一次深入都會有更深層次的不可思議得以顯露。

　　人類已經認識到眼、耳、鼻、舌、身這五「根」的局限性，於是對第六根「意」孤注一擲。各種宗教都有類似「開悟」的說法，希望「意識」有一個「跳躍」，去明白終極意義。

　　上帝一定存在，但絕不是基督教中的上帝。上帝也許是

「明覺」才能感知的一種力量，也許就是「明覺」本身。

　　由於人類共同缺失了「明覺」，所以我們可能無法到達終極真理。還好，我們至少可以知道的是我們為什麼不知道──因為亞當曾經猶豫了。

附錄二　後天蛻變的典範——鷹

　　發文時馬總七十二個小時的閉關還沒有結束，上次閉關馬總冥想的是開啓今後十年的新商業文明。

　　這次閉關一是補回這半年所耗的元氣，二是思考2010年阿里巴巴的布局和走勢。馬總更希望自己是個藝術家，能把阿里巴巴這個藝術品雕琢到極致和完美。

　　馬總閉關練功間隙我們能見面，但他不能開口說話，在休息時我寫了鷹的故事給馬總看：

　　「大部分動物的生存能力是與生俱來的，而鷹則相當不同。如果把剛出生的鷹拿回家養，長大後牠就是一隻雞！

　　鷹可以活到七十歲。每次孵三、四隻小鷹，老鷹常常讓小鷹餓著，小鷹餓得幾乎站不住，如果還能仰天怒鳴，老鷹馬上給牠餵食，認爲其有鷹的潛質。

　　鷹的翅膀天生並不強壯，老鷹會用嘴把小鷹的翅膀折斷，牠會生不如死。一段時間後，斷後增生的翅膀骨要比從前粗壯得多。但未等痊癒，老鷹就將恐懼萬分的小鷹推下懸崖，有的摔死了，有的忍著劇痛飛上了藍天，由於在劇痛中拍打翅膀，翅膀骨長得更強壯了。

　　之後的四十年，鷹俯視大地，傲視群雄，幾乎沒有天敵。

　　可是四十歲後，鷹出現了老化症狀：嘴太長太彎影響捕獵和進食；羽毛雜亂影響飛行；爪上長出蹼影響抓獵物。

　　鷹經過沉思做出了不可思議的決定：牠昂首飛翔猛烈撞上懸崖，把老化的嘴撞碎，不吃不喝一直等到新嘴長出，然後用新

嘴拔掉老化的羽毛，讓新羽毛長出，同時用嘴除去爪上的蹼。

　　這次重生又爲鷹贏得了三十年的壽命，三十年不可一世的尊嚴！」

　　這個故事馬總以前聽過，也許你也知道。這和阿里文化很吻合──平凡人做非凡事！

　　也許你還不是鷹，如果你能經得起那樣的蛻變，你遲早會成爲鷹！如果你已經是隻鷹，而目前沒有你想要的天空，送你一句俄羅斯諺語：鷹可以飛得跟雞一樣低，但不會永遠如此！

　　紀伯倫這樣說過：

生命是灰暗的，除非有了激情；
激情是盲目的，除非有了知識；
知識是徒然的，除非有了夢想！

　　阿里人正好有知識、有激情、有夢想，所以生命才有意義！

附錄三　馬雲內部文章

　　2008年7月，馬總從阿里巴巴的資料上越來越明顯地看到全球經濟出現了嚴重的問題，我們的訂單資料表明這種問題要比當時的經濟資料提早三到六個月。馬總希望大家都能意識到問題的嚴重性，提前做好「過冬」的準備，所以寫了〈冬天裡的使命〉一文。但當時離北京奧運會開幕只有十幾天，公司一些高層主管有顧慮：這時發出這樣的聲音是否合適？馬總認為真相是掩蓋不住的，早說，早準備，對大家都有利。

冬天裡的使命

各位阿里人：

　　對阿里巴巴B2B的股價走勢，我想大家的心情一定很複雜！今天想和大家聊聊我對目前的大局形勢和未來的一些看法，也許對大家會有一點幫助。

　　大家也許還記得，在2月份召開的員工大會上我說過：冬天要來了，我們要準備過冬！當時很多人不以為然。其實我們的股票在上市後被炒到發行價近三倍的時候，在一片喝彩聲中，背後的烏雲和雷聲已越來越近。因為任何來勢迅猛的激情和狂熱，褪下去的速度也會同樣驚人！我不希望看到大家對股價有缺乏理性的思考。去年在上市儀式上，我就說過我們將會一如既往，不會因為上市而改變自己的使命感。面對今後的股市，我希望大家忘掉股價的波動，記住「客戶第一」！記住我們對客戶、對社會、

對同事、對股東和家人的長期承諾。 當這些承諾都兌現時，股票自然會體現你對公司創造的價值。

我們對全球經濟的基本判斷是經濟將會出現較大的問題，未來幾年經濟有可能進入非常困難的時期。我的看法是，整個經濟形勢不容樂觀，接下來的冬天會比大家想像的更長、更寒冷、更複雜！我們準備過冬吧！

面對冬天我們該做些什麼呢？

第一，要有過冬的信心和準備。

冬天並不可怕，可怕的是我們沒有準備，可怕的是我們不知道它有多長、多寒冷！機會面前人人平等，而災難面前更是人人平等！誰的準備越充分，誰就越有機會生存下去。強烈的生存欲望和對未來的信心，加上充分的思想和物質準備是過冬的重要保障。阿里巴巴集團在經歷了上一輪互聯網嚴冬、SARS等一系列打擊後，已經具備了一定的抗打擊能力。去年對上市融資機會的把握，又讓我們具備了二十多億美元的過冬現金儲備。集團年初「深挖洞，廣積糧，做好做強不做大」的策略已經開始在各子公司得到堅決的實施。我想，面對嚴冬的到來，阿里人應該拿出當年的豪情：If not now, When?! If not me, Who?!（此時此刻，非我莫屬！）2001年我們對自己說過：「Be the last man standing!」即使是跪著我們也要最後一個倒下！憑今天阿里巴巴的實力也許我們自己不會倒下，但是今天的我們肩負著比以往更大的責任，我們不僅僅要讓自己站著，我們還有責任保護我們的客戶——全世界相信並依賴阿里巴巴服務的數千萬中小企業不倒下！在今天的經濟形勢下，很多企業的生存將面臨極大的挑戰，幫助他們渡過難關是我們的使命——「讓天下沒有難做的生意」

將得到最完美的詮釋！我們要牢牢記住：如果我們的客戶都倒下了，我們同樣見不到下一個春天的太陽！

第二，要做冬天該做的事。

一個偉大的公司絕不僅僅是因為能抓住多次機會，而是因為能扛過一次又一次的滅頂之災！2002年至2003年間，我們抓住了互聯網的寒冬大搞阿里巴巴企業文化、組織結構和人才培養建設。今天，我們在感謝去年上市給我們帶來機會的同時，也要學會感謝今天世界經濟調整給我們帶來的巨大機遇。阿里巴巴從十八人創業到今天超過一萬人，我們的文化、組織和人才建設也在快速增長下面臨挑戰，但也因此得到機遇，讓我們在這五年轟轟烈烈地經歷了組建淘寶網、支付寶公司、收購中國Yahoo、創建阿里軟體、阿里媽媽和投資口碑網一直到去年上市。我們希望有幾年的休整時間，感謝這個時代又給了我們一次這樣的機遇。

經過深思熟慮，我們決定基於「客戶第一，員工第二，股東第三」的一貫原則，明確阿里未來十年的發展目標：

1.阿里巴巴集團要成為全世界最大的電子商務服務提供商。
2.打造全球最佳雇主公司。

要實現以上目標首先要抓住這次過冬的機遇。讓我們再一次回到商業的基本點──「客戶第一」的原則，把握危險中的一切機遇。一支強大軍隊的勇氣往往不是誕生在衝鋒陷陣之中，而是表現在撤退時的冷靜和沉著。一個偉大的公司則體現在：在經濟不好的形勢下，仍然以樂觀積極的心態擁抱變化，並在困難中調整、學習和成長。

中國市場的巨大潛力和對世界經濟的積極影響力將會在未

來世界經濟體中發揮越來越大的實質性的推動作用，我們慶幸地看到世界各國的領導人比以往更懂得協同和交流，我們看到全世界在共同面對疾病、海嘯、地震、大氣變暖等自然災害上的高度統一，因此我們有理由相信世界各國一定會在經濟發展這個人類社會生存和發展的重要問題上表現出更爲積極的努力和智慧。我也堅信這次危機將會使單一依靠美元經濟的世界經濟發生重大變化，世界經濟將會更加開放、更加多元化，而由電子商務推動的互聯網經濟將會在這次變革中發揮驚人的作用。「拉動消費，創造就業」必將是我們電子商務在這場變革中的巨大使命和機會。我們堅信電子商務前景光明，能夠眞正地幫助我們的中小企業客戶改變不利的經濟格局。因爲今天的變革，十年以後我們將會看到一個不同的世界！

各位阿里人，讓我們一起參與和見證這次變革吧！

馬雲

2008.7.26

馬總看到內網很多同學在討論制度和企業文化的內容，於是有感而發，寫下了〈制度、文化及KPI〉這篇文章。雖然文中馬總説自己不擅長打字，可這篇卻是馬總打出來的最長的文章。

制度、文化及KPI

討論中涉及很多問題，很有意思，值得探討。但由於我不擅長打字，尤其不擅長寫文章，呵呵……所以只能挑幾個問題和大家探討……純屬哲學層面的學術探討，但我也不是個好學者……嘿嘿，就當我個人的一些看法吧！邏輯不好，錯字很多，

希望大家理解（我從小到大，語文就不好，作文尤其差）。

今天先討論兩個問題：(1)人治和法治問題；(2)關於KPI的問題。

我個人時間花得最多的地方是在客戶上面。我不能說我100%知道客戶在抱怨什麼，但我幾乎天天花時間在我們自己的網上「傾聽」用戶。當然，我也關注傾聽同事們的聲音，呵呵。我最喜歡上內網，最喜歡在大家的身後聽你們討論，看你們寫程式、接電話……我也最喜歡在電梯裡看大家的笑臉。當然，我也和大家一樣常常感到沮喪、無力並渴望理解……我相信最好的辦法就是把自己放在客戶、員工的位置上去想，很多事就很容易理解了。

這兩年忙多了。時間緊了，和大家見面的機會少了，但我沒有忘記自己是個創業者，更沒有忘記自己是一個阿里人！我和絕大部分創業者的區別是我走的路長了點，經歷相對獨特點……和絕大部分的阿里人的區別是阿里巴巴公司給了我更多的機會、更多的資源、更多的責任……但我堅信我們的同事比我壓力更大，無論是生活上還是工作上！

微觀方面大家比我強太多，但全面性和宏觀發展方面的思考我比大家花的時間多點，因為那是我作為CEO的職責。我每天在思考哪些問題會變癌症（處理不好的話）；哪些問題就像感冒，不治療也會好……

目前國內不少觀點認為，是「人治」而不是法治讓中國發展不夠順暢。似乎制度好了，中國就好了。我個人覺得「人治」不是壞事。正確的「人治」應該是「以人為本的治理」。它應該是比法治更高的境界，但它必須建立在法治的基礎上。「人

治」未必治理不好，中國唐代的李世民、清代的乾隆都是「人治」之君，他們讓當時的中國「國強民富」！當然，他們當時的法治建設也是同時期最強的。所以我個人看法，不是說「人治」好還是「法治」好的問題，而是我們需要建立起所有法治和人治的基礎——那就是心裡真正認同的文化價值觀體系！

我跑了很多國家和地區，發現一個問題：在西方，任何法律出臺後大部分的人首先想到的是去遵守它，即使不同意也會去遵守；而在中國，很多法律出臺後，大部分人首先想到的是我們用啥辦法可以繞開它，即所謂的「下有對策」。天下沒有任何一個制度是完善的。制度是保障大部分人的，但很多時候，為了大部分人未來的利益（我們的孩子和孩子的孩子），我們必須得罪大部分人今天的利益。好的制度一定是和執行人的處理有緊密關係的。制度是冷的、是死的，但人是活的。制度是要人去執行的，很多時候一個好的制度恰恰被澈底執行壞了。制定制度不是最難的事。很多時候，不缺制度，不缺流程，缺的是真正的執行，缺制定制度時的心理認同感，缺制度設計的智慧和經驗。就像阿里巴巴不缺客戶保障制度，我們甚至在價值觀考核中寫的第一條就是「客戶第一」！但執行結果呢？呵呵。

我不是怪管理層，更不是怪員工。因為在「客戶第一」上面我們沒有員工和管理層的區別。我覺得我們所有的人（包括我自己）沒有在思想意識上、在制度設計流程中、在智慧上、在具體判斷上、在點點滴滴的運營中把「客戶第一」變成條件反射！我們可以制定無數的制度，開無數的會議，但我們如果不從心裡澈底認可它，一切都是徒勞！制定了一套不錯的制度，我們是否尊重用戶，採取了以下步驟傳遞制度呢？

1.曉之以理（我們明白自己真正的出發點）。

2.動之以情（只有感動自己才有可能去感動別人）。

3.誘之以禮（理解別人的改變也是痛苦的）。

4.繩之以法（死不遵守制度的人必須按制度辦）。

我有很多從前的同事在國企工作，他們幾乎有一個相同的抱怨：國企體制太差！暈！但同樣體制下面我們爲啥又看見了「中國移動」、「中國工商銀行」、「中海油」……抱怨是世界上最容易的事，呵呵。但很少有人埋怨自己，哈。而我又發現自己的朋友圈裡，埋怨別人、埋怨制度的人全是失敗者，而埋怨自己的人大部分卻很成功。

一個組織，最可怕的是管理層埋怨制度（他們不知道自己可以是制度的建設者和參與者），員工埋怨管理者（他們不知道自己有一天也會當管理者）。一個優秀的組織，一定會是：制度不完善靠我們員工！我們員工不完善，靠制度！有時候我聽見別人說某某公司有完善的制度、強大的文化，嘿嘿，我就想笑。阿里巴巴永遠不可能有完善的制度，我們也永遠不可能有完美無缺的員工，但我們會永遠走在通往完善公司制度的路上！文化不該去追求強大，文化絕對不是尋求同類，而是共同嚮往的目標。好的文化絕對不是排除異己，而是內心的認可，是人性向善、向上、向眞實的靠近。

寫到這裡，我確實想說，我們需要不斷完善今天的制度和體系。而這工作絕對不僅僅是管理層的工作，是我們阿里人的工作。每次我看見我們同事加班，看見我們的中供銷售人員頂著寒冬酷暑，聽著我們「誠信通」同事們嘶啞的嗓子……（有一天去

聽淘寶客服的電話服務，他們是多麼辛苦而又無助……我建議大
家有空也去聽聽）我每次都感動得想流淚。我想我們應該可以用
更智慧、更創新的辦法把我們的工作做得更好，讓我們的客戶能
更滿意，讓我們的同事能早點回家，不讓家人天天期盼不要再加
班了……我們應該可以有更好的辦法讓我們的工作效率更高、
人成長得更好，讓我們的家人因為我們的付出而得到更好的收
入……可是我們今天還僅僅是個創業九年的小公司！我們的公司
太年輕，我們的行業太年輕，我們的幹部也太年輕了……但我相
信只要不放棄信心和夢想，只要我們不斷完善成長，下個九年我
們一定會更接近目標！

　　呵呵，說了這麼多，真覺得自己在談哲學。談談KPI吧。和
大家一樣，我討厭KPI！它讓我們失去了理想、失去了目標，讓
我們用各種不該用的方法疲於奔命！它也讓我們失去了工作的樂
趣，失去了創新和激情！我們討厭它，但不能沒有它！理性思考
後，我覺得不是KPI有問題，而是我們設計、執行的人有問題。
啥是KPI？我認為KPI是一些工作目標實現的衡量指標。如果沒
有KPI，我們就沒有考核工作成就的具體指標。但光有KPI，絕
不意味著我們工作完成得很好！我覺得KPI就是人去醫院看病，
醫生給你測體溫、量血壓和化驗血指標，只能證明你基本上沒有
病，但絕對無法證明你是健康的！人是否健康，自己比較清楚。
KPI是一定要的，那是基礎；但KPI以外，有太多的東西需要關
注，絕大部分的致命病變是KPI看不出來的。等看出來就已經快
不行了。設計KPI需要對客戶、對業務、對競爭、對未來等的判
斷能力！它需要勇氣、智慧和成功失敗的經驗積累！做對了未必
是對的，但做錯了一定會是錯的。誰也不容易做！

　　今年，各個公司的總裁有了兩個指標：第一就是集團制定的KPI；第二就是我老馬自己覺得「滿意」還是「不滿意」！哈哈，第二條可以說是「人治」吧。也就是說，即使大家KPI完成得很好，但我覺得不滿意，那結果還是不行！如果KPI沒有完成任務，但我覺得做得很好也可以得分，呵呵。但KPI沒有完成，我一般都不會說好的！

　　哈哈，好啦，第一次一口氣寫了這麼長，要喝口水歇息下啦。歡迎拍磚！但不能影響工作哦！

馬雲

2008.9.12

　　馬總春節前都會發帖和大家相約，遙祝大家新年快樂。

大年三十之約！

阿里人：

　　今年大年三十晚上8：18，假如你和家人、朋友在一起，請一定記得替我向你們的父母、太太、先生、孩子、兄弟姐妹、男女戀人、親人朋友們敬一杯酒！8：19，第二杯酒我們一起敬給春節期間所有留在工作崗位上的同事們！8：20，第三杯酒，我們一起感謝自己，感謝2008，並祝福2009！到時候我會準時對空遙祝以表謝意。記得哦！

馬雲

2009.1.20

　　馬總特別不贊同員工沒完沒了地加班，他希望大家下班後或週末都能痛快地去玩，「占領杭州各個娛樂場所」是馬總的口號。但有些部門為完成或超額完成任務，特別是工作業績直接跟員工的收入相關的，部門要求和員工自願加班的情況都有存在。

　　有員工親友發郵件給馬總，以下是馬總針對此事發的帖子。

快樂工作，認真生活！

　　收到一封員工親友發過來的匿名信，很是難過，想和大家分享一下。

　　我覺得阿里巴巴最佳的作品應該是我們朝氣蓬勃的阿里人：一批每天能把工作後的笑臉帶回家，第二天能把生活的快樂和智慧帶回工作的人！

　　我希望的阿里人是一批有夢想、有激情、能實幹但很會生活的人！把生活和工作對立起來的人一定不是真正的阿里人，至少他還不夠「阿里」！我討厭那些整天混日子，沒有理想、沒有激情的人（猶如農場裡飼養的雞、鴨），我也非常討厭那些只會拚命工作但毫無生活情趣的人（猶如一台台機器）。一個不認真工作的人不可能會有美好生活，但一個不懂得生活的人同樣不可能工作好！

　　各位阿里同事，我們要奮鬥一百零二年，我們不是一個只做十二個月的公司。過度消耗我們的體力、透支我們的個人生活，我們一定堅持不久的！我特別希望大家：為了我們自己、為了我們的家人、為了讓阿里巴巴真正地健康發展，請「快樂地工

作，認眞地生活」吧！把生活和工作弄矛盾的人一定要認眞反
思！

馬雲

2009.2.11

情人節的上午，馬總來到公司，到處都有玫瑰花。馬總開
玩笑說：「我還以爲走錯地方跑進花市了！」於是發帖如下：

節日的問候！

每年情人節這天，我總能在公司裡看見很多同事桌上「漫
山遍野」的鮮花，呵呵……我總在期盼並相信明年鮮花會更多。

好好地祝福那些愛你的、愛過你的、你愛的、你愛過的、
你思念的、思念過的……人！好好地播種你的愛吧，好好地收
穫、享受你的愛吧，呵呵。沒有收穫愛的人，今天是播種愛的最
好的日子！去吧！祝福你們！

2009.2.14

童文紅同學是集團副總裁，負責集團置業部，是我浙大同
系同專業的學妹，學的也是電子。2000年生完孩子後她來公司求
職，當時公司只招一名前檯，她沒有覺得前檯工作有什麼「低
就」，透過自己的努力，從前檯、行政，一直做到副總裁，也從
一個建築「門外女」成長爲公司的「包工頭」。如果我有她的眼
光，阿里巴巴的創始人應該是十九人，而不是十八人，呵呵！

2009年8月，集團第一個自己的園區——十萬平方公尺的濱
江園區經過七百天的奮戰提前建成（之前公司全是租寫字樓）。

馬總在內網上發了個帖，感覺有點像毛主席1949年4月寫的〈百萬雄師過大江〉。

濱江園區勝利竣工

　　向新大樓建設者、向行政部、向IT等部門致敬！鼓掌！

　　最近以來，我一直在為阿里巴巴濱江新大樓的建設者們感動，從兩年前動土，我們的人從來沒有施工經驗，很多同事從自己心愛的崗位上調來造房子……每天奔波跨越整個城市，無論在嚴冬還是酷暑，為了大樓能準時建成，他們付出的代價是驚人的！不講其他，這項工程的「關係」複雜程度簡直令人難以置信……我們自己家小小的裝修都會讓我們無比沮喪，但他們面對的卻是浩大的數千人的工作生活工程……每次看見他們憔悴的臉色，我都感到無比心疼……童文紅和你的團隊，謝謝你們！

　　我也對負責搬家任務的行政團隊和IT團隊表示深深的敬

阿里巴巴濱江新大樓正大門

意！大家可能很難想像這件事的複雜程度。你自己一戶人家的搬家已經夠難了，而他們負責的是幾千人……光演練搬遷都超過半年時間，還不能丟下平時的工作……這麼大規模的搬家和伺服器的遷移居然那麼順利……我真的為大家驕傲！

看見這麼多人因為公司搬遷而累得病倒、發燒，為了確保大家有家的感覺，我們搬遷指揮部的同事們幾乎通宵達旦，嘴上全是泡！我無言……我看到了另外一支戰勝SARS的團隊！

各位阿里人，也許我們搬過來後覺得很多事還很不順利，也許這樣那樣的事不令你滿意，但我還是想請求大家給我們這幢大樓的建設者和奉獻者鼓掌致敬！是他們的努力讓我們有了一個新家，是他們的心血和汗水讓我們從西湖時代跨入了錢江時代！

抱怨是最容易的。新大樓至少還需要二十四個月的完善努力。即使我們自己不願意付出時間參與完善建設，但我們至少要學會感恩、尊重和鼓掌！

5B圖書館

阿里人是幸運的一代，因為我們懂得感恩！

公司十週年大慶的前兩天，全球各地的朋友紛紛向杭州湧來，馬總在忙完一天的工作和接待後，晚上發了以下的帖子：

十年前的諾言！

各位阿里人：

在阿里巴巴十週年慶的前幾天，在阿里巴巴B2B發展越來越健康、未來戰略越來越清晰，在阿里巴巴第一個創業階段即將結束而另一個激動人心的新時代即將啟動的時候，我決定賣一些阿里巴巴上市公司的股票，給自己、給家人一點小小的階段性的成就感！

十年前，當我決定借錢、賣房子創業的時候，我向太太描繪了一個未來的「大餅」：「十年後我們會有錢，會有好房子，會有車，會有更多的能力和實力幫助別人……會有屬於自己的可以支配的財富和自由！」

今天我特別高興，經過十年的努力，我們的很多夢想已經逐漸得以實現，但有些理想還剛剛起步……我更高興的是，終於能有機會來證實一下年輕時對財富的很多看法和觀念。感謝全體阿里人的努力使我擁有這次實踐的機會，也特別想借這個機會，和大家分享關於財富和幸福的看法。

十年的艱苦創業讓我粗略明白了錢和財富的意義。如果你有幾百萬元，那你算是有錢了；如果你有上億元，你算是有資本了；但如果你有幾億甚至數十億元以上錢的時候，其實那些錢已

經不是你自己的錢，而是屬於整個社會的資源，它不屬於你。你有權利但更有責任替社會用好這些資源！錢和財富是兩個概念。有錢絕不等於擁有財富。在我看來，財富更是一種經歷，一種體驗。如果你有錢，但沒能把錢提升轉化成經歷、體驗來提升自己和他人的幸福感，你很可能只是擁有了很多符號和一堆花花綠綠的紙張。

我們常說：「有錢可使鬼推磨」，但這世界上有太多人在為鬼推磨！錢是用來給我們解決問題的，是為我們服務的，是給我們和別人創造更多的快樂、幸福和機會的！錢不是用來炫耀的，不是用來崇拜的，更不是用來浪費的。不用或濫用都是對錢的不尊重。也許很多人會說，你講的全是大道理，全是說教，是有錢人在說給沒有錢的人聽的，等我有錢了，我自然也會這麼說（我以前也這麼認為、這麼看，呵呵）。當然，如果一點錢也沒有肯定啥也沒法談，但我也看到，我有很多有錢的朋友其實活得一點都不幸福，而很多出自普通家庭的人其幸福感遠遠超過富人們！原因是幸福的人懂得並擁有財富以外的追求。我一直相信只有能並會花好錢的人才有可能創造更多的錢、更多的財富、更多幸福的機會！我想趁自己還年輕，有很多事要學會去做，很多人要感謝，很多事要感恩，現在就要去做！

阿里巴巴經歷了十年的風風雨雨，特別是這次金融風暴的洗禮，我從來沒有像今天這樣對公司的未來充滿信心！當初B2B上市的時候，董事會通過了讓所有員工持有20%-50%的股票，可以根據工齡等要素轉化成上市公司的股票的決議，以便大家需要錢的時候可以有錢用。但我和蔡崇信是公司董事長和副董事長，基於對B2B未來的信心和對集團其他業務的支持，選擇僅把極少

數的股票放到了上市公司。今天，就像我們當年設想的一樣，B2B開始進入了十年來的最佳狀態，我堅信它會越來越成功，大家會有越來越多的財富！我不希望等我年老的時候，我能做的僅僅只是捐錢！我需要從現在開始學會如何花錢做事，體驗擁有財富的意義和責任。很多事不應該等到年齡大了才去做……讓我們一起學會尊重我們憑勤勞和智慧創造的財富，學會花錢，為自己、為家人、為社會，為一切關心我們、熱愛我們的親人和朋友！

PS：

選擇在這個時候甚至也許在任何時候賣股票，都會引來很多的非議甚至會影響阿里巴巴股價。記得一年前，我們一位高管由於急需錢賣了些自己的股票，恰好當時股市下滑，很多人對這位高管有了非議……

那種非議是不公平的。因為股票、期權投資是公司給每個員工的權利，每個阿里人都有權處理屬於自己的資產，包括我本

人。而且我們一定要學會適應因為任何原因而導致的股市的起起落落！短期內股價的高低會因為一些買賣行為或者市場大勢而受到影響，但放眼未來，我堅信股價只會與我們的努力與投入成正比，與我們自己對這家公司的信心成正比！

馬雲

2009.9.8

2010年4月16日，馬總與虞鋒合夥成立了一家基金公司。這家基金公司成立後，最先投資的文化產業就是張藝謀「鐵三角」的「印象系列」，而之前其實馬總和「鐵三角」早有接觸和合作，上海世博會民企館中的一台節目就是由他們團隊創意並製作的。

向阿里人報告！

各位阿里人：

今天下午，我在北京將會宣布我個人和原聚眾傳媒董事長虞鋒一起成立了一家投資基金公司，公司的使命是關注未來……主要將對優秀的年輕企業家投資，並重點在環保和文化產業上投資。

參加基金的人全是中國的一流企業家，我們希望能透過這家共同成立的基金公司為地球的未來、為中國的未來、為年輕人做些貢獻。

由於這家基金公司可能會在未來與阿里巴巴集團有協同的地方，而且由於我又在基金公司裡面參與戰略決策，有可能未來

和阿里巴巴公司會有業務往來，所以我在這裡向全集團同事報告此事。另外，我保證將盡自己最大的努力讓這家公司成為走向新商業文明時代的優秀基金。

馬雲

2010.4.16

　　2010年，淘寶網為捍衛廣大消費者的利益，進一步支援提供優質產品和服務的誠信賣家，調整了搜索結果。這個舉動觸犯了網路黑色產業鏈的利益，於是有網路報導歪曲指責，甚至還鼓動一些賣家來淘寶網門口抗議示威。馬總發帖如下：

為理想而生存！

各位阿里人：

　　幾天前，有朋友問我今生最相信什麼，我說：「我相信相信！」最近我發現很多阿里人非常鬱悶和難過，大批網路報導指責淘寶網調整搜索結果，甚至還惹來了某些賣家來淘寶網門口抗議示威……我看到那麼多同事很委屈，甚至流下了眼淚，也發現不少年輕的淘寶人在不斷自問：「我們到底做錯了什麼？為了鼓勵大家在淘寶上創業，堅持七年不向會員強制收取開店費和交易費，堅持扶持發展創業者和中小賣家，七年多日日夜夜的奮鬥，結果卻換來各種各樣的指責，我們這樣做值得嗎？我們選擇的路對嗎?我們是否應該放棄自己促進新商業文明的使命而回到僅僅做一家普普通通的賺錢公司……」

　　本來應該早點和大家做一個交流，談談我的看法，但最近

一系列的問題……呵呵，我覺得阿里人必須有這麼一個經歷，阿里人需要接受各種各樣的挑戰。「男人的胸懷是由冤枉撐大的」，我覺得阿里人需要有在紛亂的外部環境中學會用自己的腦袋思考問題和判斷問題的能力。

選擇今天和大家交流是因為快到阿里巴巴十一週年慶了，到了我們重溫去年這時候提出的：阿里巴巴要促進開放、透明、分享、責任的新商業文明，為全世界一千萬家中小企業提供一個生存和發展的平臺，為全世界解決一億個就業機會，為全球十億人提供一個消費的平臺的時候。從提出這麼一個偉大的使命和目標起，我就覺得我們從此以後會走上一條艱難的發展之路，我們會碰見各種不同類型的阻力和困難。今天的麻煩還僅僅是個開頭，我們會遇上越來越多的挫折……

堅持做正確的事，堅持自己的理想和使命是一定要付出巨大代價的，這在任何時代都一樣。尤其在今天中國的商業環境裡，促進開放、透明、分享、責任的商業文明一定會破壞大批既得利益群體，我們要抗爭的不僅僅是這些既得利益群體，還有二十世紀的商業習慣。

前段時間，淘寶人作出的基於捍衛消費者用戶的利益、同時支援提供優質服務和誠信賣家的搜索調整決策，我認為是正確的！我深以為豪的是，我們的同事能放棄自己今天的利益而去追求創建更加有利於用戶可持續健康發展的公平方法。但遺憾的是，大家的好意被曲解了，支持誠信賣家被說成是放棄中小賣家，保護消費者利益的措施被指責成獲取自己的商業利益。我們畢竟不是生活在真空的世界裡，互聯網是一個大世界，淘寶網也是個大社會……我們也同樣必須面對在電子商務世界裡欺詐、假

貨橫行等一切社會現象。今天社會上出現了很多消極、浮躁的情緒，很多人懷疑一切、打擊一切、否定一切，總把自己對世界的片面認識強加給別人……還有不少媒體過度地使用「懲惡」的手段，而不是「扶正袪邪」，使得人們不相信還有人會做好事，還有人會為理想和原則而工作……

　　堅持還是放棄？放棄，從此以後我們就會成為一家平庸的公司，因為利益而活著，我們可能會在一段時間裡很輕鬆、很賺錢；如果堅持理想，我們也許每天會碰上今天這樣的狀況，我們要和各種勢力做鬥爭，包括巨大的黑色產業鏈中的惡勢力。但堅持也會讓我們的生存和工作變得更有意義，堅持會讓我們在二十一世紀成為一家真正對人類社會有貢獻的公司，讓我們今天付出的一切努力有獨特的回報。我想阿里人應該、也只有選擇堅持原則、堅持理想、堅持使命的發展之路！對那些相信新商業文明和支持阿里巴巴成為理想主義公司的社會各界朋友們說，我們的上帝只有一個，就是用戶。我們會在平時的工作中更加完善自己的服務和功能，我們會加強傾聽客戶，堅持以保護消費者權益、維護賣家利益為原則。我們堅信在未來的商業社會裡，將沒有大企業和小企業的區別，沒有外資和內資的區別，沒有國企和民企的區別，只有誠信與不誠信的區別、開放和不開放的區別、承擔責任和不承擔責任的區別。我們將全力支持那些誠信、開放和承擔責任的企業。我們為自己工作中的不當、不成熟、不完善而道歉，我們保證將不斷努力、不斷創新……我們不追求最具影響力，我們追求對人類、社會、家庭和自己最有貢獻力！

　　對那些辛苦的創業者們，我想說今天是創業最好的時候。一切夢想的成功一定和眼淚和汗水有關，和堅持誠信努力有關！

走商業之路就不該害怕競爭，害怕競爭就不該做商業。我們害怕的是不透明的競爭，不誠信的競爭，不公平的競爭！怨天尤人的人永遠會輸給擁抱變化、改變自己的人！

對於我們阿里人，我想說的是，我們堅持了十一年的理想很不容易，但我們還將堅持1991年的理想！我們從第一天起就堅持「賺錢不是我們的目的」，而僅僅是我們的結果。我們這家由80後、90後組成的公司，必須有別於昨天的企業。我們感恩自己的公司誕生於這個社會，我們會因為今天的社會環境而成長，我們更應該為這個商業社會的完善而存在！這也是我們每天認真工作的意義所在。

阿里人，我們的未來一定是由今天樂觀積極的態度和努力決定的！對那些躲在背後的網路黑色產業鏈和希望我們放棄原則的人們，我想說，我們從來不會因為利益而改變自己，我們更不會因為壓力而放棄自己的原則！我們將會面對任何挑戰，我們寧可關掉自己的公司也不會放棄自己的原則！

今後，我們希望全社會來監督我們的商務政策調整，假如我們的調整政策違背了開放、透明、分享、責任的原則，我們一定會認真傾聽並做出修改。否則我們將會猶如捍衛生命那樣捍衛我們的使命！請那些想透過鬧事和傳播謊言獲益的人注意，你們的舉動不僅僅在傷害兩萬多名優秀年輕人的理想，也在破壞和打擊數千萬以網路為生存的小企業以及幾億消費者的利益。阿里人感謝真誠的建議和批評，但是別有用心的意見、無理取鬧和片面的東西，我們不會接受，即使你們付之於遊行示威甚至更過激的手段，試圖借此讓我們讓步屈服，數億消費者也不會答應的。我們堅信並會積極地參與到社會積極進步的力量中去……

阿里人，爲理想而戰吧！此時此刻，非我莫屬！

馬雲

2010.9.5

　　雖然每年過年國曆的時間都不同，但很湊巧（馬總說絕非有意）馬總三年來都在1月19日這一天在內網上發佈關於年終獎和加薪的帖子。因爲每年都有很多新員工加入，所以，馬總的帖子有的內容會重複，以示強調。

關於年終獎和加薪

各位阿里人：

　　昨天有個老阿里人找到我，他聽說自己2009年的工資會有不小幅度的提升而且2008年的年終獎高出自己的預期，堅持要求自己不加工資。前幾天也有阿里的高管要求給自己減薪但給員工加工資。每次阿里集團加工資和發年終獎的時候總有人會堅持不要給自己加工資。感動之餘，我想和大家談談我對提薪和獎金的看法。

　　2008年是不平凡的一年。經過全體阿里人的不懈努力，我們克服了重重困難和挑戰，取得了阿里巴巴九年來我認爲最爲難得的進步和業績！儘管經濟大環境面臨空前困難，公司仍然作了2009年加薪和2008年豐厚的年終獎計畫。根據2-7-1原則，絕大部分員工將會獲得加薪和不錯的年終獎金。這不僅是因爲我們現金充足，更因爲勤奮工作並取得出色成績的阿里人值得褒獎。

　　此次調薪唯有一點不同於往年，包括副總裁在內的所有高

213

層管理人員全部不加薪。我們認為，越是困難時期，公司資源越應該向普通員工傾斜，緊迫感和危機感首先要來自公司高層管理者。

　　儘管經濟環境不好，但只要公司實現了戰略目標，我們仍會獎勵優秀員工，不會受外界和其他公司做法的影響；這同樣意味著，如果經濟環境好了，而我們的成績差了，即使所有公司都在加薪、發獎金，我們也會選擇相反的做法！

　　工資是付給崗位的。加薪意味著我們對這個崗位提出了更高更新的要求（拒絕加薪可以，但不能拒絕我們對你在崗位上的進步要求，呵呵）。2009年集團將會有巨大的培訓預算，希望能大幅度提升各個崗位的職責和要求。

　　而獎金是根據公司整體業績結果來肯定和激勵那些在職位上有出色表現的人。獎金不是福利，不是每個人都理所當然獲得的，它必須是自己努力掙出來的！在分配上，我們堅決不搞平均主義，平均主義是對辛勤付出且績效優秀的同事的不公平！不如此，阿里巴巴不可能實現「今天最好的表現是明天最低的要求」，也不可能挑戰更高的目標！

　　各位阿里人，2009年是阿里巴巴成立十週年。而這次全球經濟危機是阿里巴巴的成年禮，今天的一切是任何一家希望基業長青的企業必然要經歷的週期，我們所經歷的一切也必將成為我們今生的驕傲！

　　辛苦一年了。請帶著你的家人去花錢，去消費，去享受我們一年的辛苦成果！

　　2009年還在等著我們去面對，成千上萬的用戶在期待著我們的努力……

好好過年吧！

千萬記得替我向你們的父母、孩子和家人、朋友們問好！沒有他們的付出就不會有今天的阿里巴巴！

感謝你們，阿里人！

馬雲

2009.1.19

2009年獎金和2010年加薪計畫

各位阿里人：

過去的2009年對阿里巴巴集團來說是精彩、複雜、遺憾和興奮交錯的一年。我們幸運地在2008年提前對經濟形勢做了危機判斷，並採取了一系列的措施；更由於大家一如既往地艱苦努力，迎接一次又一次的挑戰並擁抱變化，集團取得了很大的成績。儘管存在著很多的問題而且面臨越來越多的挑戰，但我對我們的整體結果表示滿意。今年我給集團打75分（已經是十年中很高的了）。今天，我想和大家談談我對2010年工資調整方案和獎金分配原則以及KPI（各部門的年初計畫）的一些看法。

去年此時儘管正處於金融風暴的寒冬，但我們逆勢加薪以肯定所有阿里人的艱苦付出和取得的卓越成績。今年的年度績效考核，經過集團管理層的討論，我們作出以下決定：

第一，關於2009年終獎。

今年的關鍵字：獎罰分明。打破「大鍋飯」、打破平均主義，獎金是對昨天工作的肯定和對未來工作的期望。今年的獎金方案已出臺，我相信大家會覺得今年的獎金發放和往年有很大區

別。今年，我們將嚴格執行2-7-1制度，旗幟鮮明地獎優罰劣。與以往相比，將特別突出「獎罰分明」、「願賭服輸」，打破「大鍋飯」和平均主義。包括公司所有層級在內都將對Top20進行獎勵提升，同時對Bottom10加強問責。這是對勤奮付出的同事的最大公平，同時也是激勵所有阿里人去挑戰更高的目標。

獎金不是福利，獎金是透過努力掙來的。它不可能人人都有，也不可能每個人都一樣。它不是工資的一部分，是因為你的業績超越了公司對你的期望值才得到的（請特別注意這一點）。今年的獎金分配原則將會進一步公開透明。我們將在內網上公布各個公司的發放原則，我們希望每一個員工都能從自己的上級那裡得到明確的資訊，清楚自己的獎金為啥會多、為啥會少。另外，以往年終獎都和基本工資掛鉤，但從今年開始，年終獎不再與工資掛鉤，而是根據員工對公司的貢獻來分配，它由所屬子公司、部門還有每個人自己的績效所決定。

第二，關於2010年的加薪和調薪。

我們認為沒有所謂最好的薪酬。阿里巴巴永遠不會因為競爭對手和行業的做法而加薪，這只會引發惡性競爭和不健康的行業格局。阿里巴巴的薪資水準總體是合理的、有競爭力的，除了合理的基礎收入，我們希望所有阿里人能夠公平地分享公司成長帶來的財富。我們仍然實行獎勵期權政策，同時各子公司也已開始制定各自的股權激勵計畫。

在今天的經濟形勢下，我們判斷明年的通貨膨脹將不可避免，我們擔心阿里巴巴普通員工的生活將會受到影響。2010年也是我們全集團開展協同發展的第一年，我們對大家會提出更高的要求和期望。基於「員工第二」的原則，今年我們決定繼續加

薪！本年度的加薪幅度不會小，但我們還是必須嚴格執行2-7-1制度。我們的加薪政策會繼續向普通員工傾斜，公司高管把加薪機會留給普通員工。公司副總裁及P11以上級人員全部不參與加調薪，M4、M5、P9、P10只是對於特殊情況調薪，如晉升、歷史遺留問題等。

第三，有關2010年的KPI。

阿里巴巴必須堅持高績效的文化，要充分體現公平、公正的原則，我們的絕大部分工作必須要能量化。KPI就像檢查身體時的各項指標，它不應該是我們追求的目標，而應該是我們公司健康的象徵和結果。完成了KPI絕對不等於萬事大吉了，就像身體某些指標正常不等於健康一樣。當然，我們必須有一些指標來檢測我們的工作。關鍵是哪些指標是必須的，是由誰定的，等等。這兩年我們的KPI考核變得有些機械和僵化，甚至有非常嚴重的「大鍋飯」現象，對公司的發展非常不利，必須堅決改掉。KPI不是領導和員工討價還價的結果，而是由下而上的根據對公司戰略的理解和對業務的把握，提出最合理的指標，以及相匹配的資源，這些指標必須是和上級溝通後達成的共識。這些KPI指標還很可能是根據內外部情況而動態變化的。年底客戶滿意不滿意、我們有沒有超過行業的增長、有沒有為未來的發展打好基礎，這才是我們真正要的。Dream Target是我們共同奮鬥的目標，是調配資源的指導。Dream Target必須透過創新的方法才能實現，而不是簡單地沿用現有的手段，拚命去「擠牙膏」。電子商務正在迎來井噴式的發展，我們必須超高速地成長，才能繼續保持行業領先。我們要為我們的mission、vision和dream去奮鬥，而不是為完成KPI任務，更不應該是為了獎金而努力。

　　各位阿里人，我相信絕大部分的同事會支持以上原則，但執行是難點，更是關鍵。我相信在執行過程中我們會有興奮、沮喪，也會有痛苦、糾結甚至憤怒，但也許這就是我們每個人成長中一定會經歷的感受。要想創造新商業文明，必須有相適應的文化和組織能力。我們必須不斷地改變和提升自己！

　　新的一年已經開始，阿里巴巴要在十年內實現「幫助一千萬小企業發展，提供一億就業機會，為十億消費者提供服務」的目標，幾乎每一年都會很艱難，都是關鍵。很多同事加入阿里巴巴的第一天，我就告訴過大家，阿里巴巴不承諾你會升官發財，但一定承諾你會有冤枉、有委屈，今天我要對2009年新加入的六千四百八十名新同事說同樣的話，歡迎你們來阿里巴巴，這不是一份簡單的工作，這是一個夢想，我們都必須為此付出巨大的努力和代價！

　　過年了，帶著你的家人，去好好玩，好好花錢吧……認真生活，快樂工作！替我向阿里家屬親人們問好！

馬雲
2010.1.19

開個支付寶帳號

各位阿里人：

　　請全體阿里人在年底前去支付寶開一個帳號，務必，務必！到時候不開好，別後悔哦！請互相轉告！

馬雲
2011.1

馬總2011年先來了個懸念，告訴大家今年除了年終獎外還會往員工的支付寶裡發紅包，但是多少會是個謎，員工紛紛猜測，有人說紅包一定是象徵性的一、兩千。也有員工來問我，我當然不知道，但我跟他們開玩笑：「馬總昨天問我，每人發一萬元全公司需要多少錢，我說兩億多吧，馬總說那就發吧！」他們說：「那我們就當是一萬元了，不足的部分你補哦！」他們都認爲不會有那麼多，而結果是很多人都超過這個數。

　　接下來的幾天，馬總又發了三篇文章。

年終獎、加薪和紅包

各位阿里人：

　　今年外部環境比往年複雜，但我們總體發展的情況還不錯。當然，外部形勢的複雜變化本來就不應該是我們可以做得好或不好的藉口。我個人對過去一年集團的發展基本上滿意，在這裡要感謝集團全體同事的努力，我們也特別對支付寶和淘寶取得的進步表示讚賞。2010年，我們堅持 「開放、透明、分享、責任」和「全球化」的原則，對中國電子商務的發展起到了積極的推動作用。又到了一年一度總結的時候了，我談一下今年的獎金和加薪。年終獎和加薪請大家認眞閱讀我在2009年1月19日寫的有關加薪和年終獎發放的原則。

1. 由於2010年全年業績不錯，我們將會發放2010年度的獎金，今年獎金比往年要豐厚些。但獎金絕對不是福利，不是每個人都有，也絕對不會人人一樣。我們仍將會嚴格執

行2-7-1原則，任何人對自己的獎金有問題，嫌多的可以退回來或捐獻點給集團公益基金，嫌少的請找你的領導談，知道自己爲啥少，這是你的權利。

2. 由於CPI的上漲和未來物價對員工生活的壓力，我們決定對員工進行加薪。我們繼續貫徹加薪以普通員工爲主的原則，今年繼續執行M5以上幹部不加薪政策。今年的獎金像以往那樣會打入你的工資卡裡，特別是紅包，今年還有特別的喜事，所有的員工除了根據業績和物價而產生的獎金和加薪外，我們將給每一位同事發個紅包。發放原因如下：

(1) 今年大家很努力，業績不錯。

(2) 我們堅信：中國電子商務發展得好可能和我們沒有關係，但發展得不好，和阿里巴巴一定有關係。未來幾年集團要加強對電子商務基礎建設的投資，加強對物流、資料流程量、小企業和創業者金融支持等建設，以便完善中國電子商務的生態系統，讓更多的企業能夠用最低的成本來進行電子商務，完成企業轉型升級。我們決定將無限期地推遲集團子公司的上市計畫。

3. 我們希望，只要集團業績好，即使不上市，我們的員工也會獲得公司紅包。紅包的發放原則：

(1) 根據集團的業績情況。

(2) 以員工在公司服務的年限和職責爲主要依據，原則上人人都有。特別紅包將會發放到你的支付寶帳號！

對今年的特別紅包，我有些小小的建議：

1.給父母、配偶和孩子買份禮物。

2.在淘寶上消費為主，給辛苦創業的淘寶賣家們更多機會，有任何買賣中的不爽和對淘寶支付寶業務不滿意的，請告訴相關部門儘快完善。

3.請給集團愛心基金支付寶帳號（lovegiving@alibaba-inc com）發十至一百元的小紅包。在此，我先替受助的孩子們謝謝大家！

　　過年了，啥也別多想，去花錢、去消費，認真過年！年後我們再努力，為客戶、為同事、為股東，當然也為我們明年的年終獎和大紅包！認真生活，快樂工作！

　　替我向你們的家人問好，大年三十晚上八點我們一起對天敬酒感恩，別忘了！

馬雲

2011.1.19

年終獎，我們該感謝誰？

　　看見那麼多同事感謝我發年終獎，真是難為情。這不是我的功勞。我只是個CEO，我堅信開放透明，賞罰分明，做得好就該獎，做得不好就要罰，呵呵……肯定會有一年我們做得不好而沒有獎勵的，那時候大家不要恨我、罵我。

　　我們應該感謝誰？要感謝的人很多，但要感謝互聯網時代和電子商務，感謝客戶對我們的信任，感謝你身邊每個辛苦工作並有結果的同事，感謝家人對我們工作的支持，感謝……

　　2011年，誰破壞互聯網電子商務，誰破壞客戶對我們的信

任，誰不努力工作並沒有創造出結果，誰不感恩我們家人的付出……誰就是破壞我們美好年終獎和未來的人！好和馬雲無關，但不好，和馬雲有關！你也一樣。If not now, when?! If not me, who?! 感恩2010，敬畏2011……

馬雲

2011.1

實習生同學，我有話說……

對實習生的紅包要不要發，思考過、討論過、糾結過。最後決定不發。呵呵，別生氣，別失望。你們賺錢的日子在後面呢！但同學們，很高興看到大家的努力。希望大家在阿里巴巴有真正收穫，更希望阿里人真正給我們的實習生同學以幫助，促其成長……對剛剛睜開眼睛的實習生來說，阿里人有機會能幫別人是自己莫大的榮耀，感恩別人曾經幫過年少的我們……去做師哥、師姐應該做的事吧……實習生不是你便宜的幫手，他們是帶著夢想來的年輕人……呵呵……阿里人，你懂的！

實習生同學們，阿里巴巴有幸有你們參與……有幸和你們相處學習幾個月……也許你們很多人由於各種原因不能留在公司裡，但希望在阿里巴巴的日子給你思考、讓你有進步，阿里人的文化對你未來有幫助、有啓迪。任何時候都要記住：自己有什麼，自己要什麼，自己願意放棄什麼……很高興我們有你，新年好！

Jack

附錄四　劇組那些往事

　　原先有半本書是寫我跟張Sir拍戲的，後來決定都刪了，僅留下幾個記憶片段。

關於機會的隨想

　　2000年4月，《笑傲江湖》開拍十天後換了男主角。之前張Sir並不認識李亞鵬，是張Sir女兒因看過《京港愛情線》而推薦的。

　　普通人的一句話有時也會改變名人的生命軌跡，「命運」的另一個詞叫「碰巧」。

　　其實整個世界就是由無數個極小機率的事件堆積而成的。全世界黑壓壓六十七億人，而每個人都曾在生命之初贏過大獎。為此我還寫過一篇小感悟：

　　人最幸運的事，超出一切你在人間所能想像的，是你我都經歷過的生命之初那場驚心動魄的角逐。

　　你只有一次機會，競爭對手卻有上億，沒有人在意你，誰贏了父母都樂意。

　　你不知道假使你獲勝，衝到終點會是萬丈深淵還是會有天使擁抱你，起跑前你已被告知天使出現在終點的可能微乎其微。

　　那次經歷的每個細節都刻在你的生命裡，天使愛你，希望你過得平靜，所以幫你關閉了驚心動魄的記憶，而後讓教科書告

訴了你一個大概。

如果你覺得生命來之不易，請不要辜負，你要奮鬥，我為你鼓掌。

如果你選擇用一生的時間去慶祝那次勝利，哪怕被別人說成碌碌無為，我同樣會豎起大拇指送你兩個字：「境界」！

康洪雷起初是張Sir劇組的副導演，一直沒有受到重用，張Sir在2000年底得到劇本《父親進城》，因為身邊沒導演空著，就給了康洪雷，結果一炮打響。開播前張Sir將劇名改為《激情燃燒的歲月》。康洪雷後來還拍了《士兵突擊》、《我的團長我的團》等，成了國內一線電視劇導演。

機會和真理一樣，是可以等到的，因為它一直都存在。

拍攝《激情燃燒的歲月》前，孫海英很渴望演男主角石光榮，起初張Sir對他說：「你演技是不錯，可是你怎麼看都不像好人。」

孫海英很執著，每天來劇組，在張Sir旁邊自言自語：「石光榮就是我，我就是石光榮，當年參加革命的哪有濃眉大眼的，都應該長得跟我這樣。」張Sir拗不過，而且當時也確實選不好人，就讓他試試裝，一看兩看越看越像石光榮了。

機會可以等到，但積極爭取會來得更快。

張Sir邀呂麗萍演這部戲的女主角，當時呂麗萍名氣比孫海英大，她問：「男主角是誰啊？」

「孫海英，一位獲過百花獎……提名的優秀演員。」當時

張Sir提起孫海英時底氣還很不足。

呂麗萍第一次去片場見孫海英，沒見著人，工作人員說：「他應該在那兒的。」

呂麗萍說：「我只見到一個穿軍裝的老頭在種菜。」

「那就是孫海英，他在體驗老年時的角色。」工作人員笑了。

呂麗萍很快被孫海英的演技折服了，兩人的感情也發展得很順利，後來終於成了伴侶。

我家的小童星

張Sir給我兒子選了個角色，演石光榮的孫子石小林。

以試戲為名，張Sir邀請我和兒子去北京玩。

在北京我跟張Sir說：「不要太勉強，孩子行就演，不行不演也沒關係。」

張Sir說：「放心吧，我說行就行，導演聽我的。以後只要是年齡合適的角色陳亞倫都可以演。」之後兒子還演了《神鵰俠侶》中大武小時候的角色，儘管戲分只有一點點。

《激情燃燒的歲月》中兒子的戲也不多，在雲南拍，外婆陪著。聽說導演很喜歡他，他經常在現場給導演「講戲」，說應該這樣、應該那樣，還要求導演給他加戲。導演還真給他加了一場拿小鋤頭在菜園裡種菜的戲。

拍完戲我去接他，他戴著墨鏡，見到我的第一句話是：「爸爸！我們還是住原來的地方嗎？」他以為他的片酬……

至今，我兒子的床頭邊依然掛著石光榮的大蓋帽。

《激情燃燒的歲月》成了2002年最紅的電視劇，也因此2003年春晚劇組定了一個節目叫《激情依舊》，要「石光榮」全家人都出場。

我陪兒子春節前半個月入住春晚劇組，每天在飯店彩排。節目還是由康洪雷導演執導。也有幾次去中央臺一號演播大廳現場彩排，那些日子每天見到的明星比觀眾還多。

春節期間還有兩場大的活動，一是張Sir帶《激情燃燒的歲月》劇組在人民大會堂參加電視劇年會，孫海英穿著軍裝上臺發言。拍完《激情》後他很長一段時間都走不出戲，發言時的口氣還是像一個七十多歲的軍官，陳杽在臺下笑話他：「你瞧他，現在說話多占地方！」陳杽的這種語言方式讓我印象深刻。

那年是我唯一一次在北京吃年夜飯，在張Sir一個朋友的飯店裡，大家一起看春晚，一起關注節目《激情依舊》。

當我兒子喊了一聲「爺爺」出場時，張Sir帶頭鼓掌，笑著說：「這也算是在春晚上有臺詞了！」

大年初一，樊導提醒張Sir：「你給陳亞倫買的遙控汽車怎麼不給人家？」

「我重新給他買一個行不行？」張Sir問。

「剛買就壞了？」

「不是壞了，我試了試，發現挺好玩的，我決定自己留著玩，今天我去給陳亞倫再買一個。」

張Sir內心的童真是很濃烈的。記得有一回我開車從上海回杭州，他在後座給我兒子變小魔術，當看到我兒子驚訝的表情時，他哈哈大笑，一遍接一遍地變魔術，一次接一次地哈哈大笑，樂此不疲。

「流產」的《呂梁英雄傳》

在拍攝《神鵰俠侶》的同時，中央臺影視中心還給張Sir另一項任務——拍攝戰爭題材的《呂梁英雄傳》。由於那部片子經費緊張，加上張Sir大部分精力花在《神鵰俠侶》上，所以拍攝很不順利，也嚴重超期。等《神鵰俠侶》一拍完，張Sir馬上帶著導演組趕去盧溝橋拍攝《呂梁英雄傳》。

盧溝橋的風沙大得超出我這樣一個南方人的想像。風吹到臉上生痛生痛，嘴裡、鼻子裡、頭髮裡全是沙，沙吹進手機裡手機很快就罷工了。吃飯的時候嘴裡「沙沙」地響。那時甚至會產生這樣的疑問：「以後身上還能洗乾淨嗎？」

艱苦的拍攝堅持了兩天，張Sir發現兩個導演的風格完全不一樣，決定還是由原先的導演繼續拍，我們就撤了。

「對不起大家。」張Sir說，「大老遠趕來又叫大家撤了。」

我心裡卻高興得不得了，沒有比這更好的消息了！我一下子覺得自己比從前更熱愛生活了，馬上動身去青島旅遊了一趟才回杭州。

張Sir和炒作

《碧血劍》一開始是用港臺的導演和攝影，拍了一段時間後，張Sir發現拍攝的風格偏離了自己的想法，和導演溝通了幾次，效果不佳。張Sir認真思考後決定更換導演和攝影，為穩定演員和全劇組的人心，召開了一次劇組全體會議。

結果交接工作異常順利，這在其他劇組想都不敢想。哪有一部電視劇可以又換導演，又換攝影，又換總美術師，還能順利拍攝的？所以，組裡的演員總開玩笑地說：「咱組裡只有一個大腕張紀中，其他都是小演員。」

組裡的工作人員回答：「咱組裡的小演員，去別的劇組那都是人民藝術家。」

拍攝期間召開記者招待會是常有的事，也有記者會質疑：換演員，換導演，是不是為了炒作？

張Sir回答：「我需要炒作嗎？就是每次的記者招待會都不是我們自己舉辦的，你們問問自己，你們中哪一個是我請你們來的？」

張Sir給明星片酬少是業內出了名的，他有自己的說法：「明星已經過得不錯了，把錢都分給了他們，那我們拿什麼去製作片子？演員演我的片子出了名，很快可以從代言中賺回來。」

吃飯那點事兒

拍《碧血劍》的時候，我們先在象山辦了個開機儀式，再趕往武夷山。由於每個地方都有宣傳的需求，所以我們去哪裡都要辦開機儀式。

因為每天都有人請張Sir吃飯，他只要不是太累，一般不給人家難堪。所以，張Sir就組了一個「齊白石」團，意思是一起吃白食。

馬蘇主演的《夏日裡的春天》播出後，她就成了我們全家最喜愛的演員。《碧血劍》中由於她的戲分沒有黃聖依和孫菲菲

附　錄

多，所以她也成了我們「堅定」的「團員」。

　　在武夷山拍《鹿鼎記》時，晚上常出去吃飯。因爲大家都
針對黃曉明，所以他經常會喝多。我開車所以喝得少，可走出飯
館，曉明都會搖搖晃晃地對我說：「偉哥，你，喝多了，車，我
來開。」

　　《鹿鼎記》在海寧鹽官拍攝期間正好是農曆八月錢江大
潮，本來就人山人海，加上劇組拍戲，更是「people mountain
people sea」。曉明每天要忙著給大量「影迷」簽名。後來發現
「影迷」們在街上出售這些簽名照，每張五十元，還很搶手。曉
明跟張Sir開玩笑說：「放我一天假吧，我也想去賣照片。」

　　劉芸在《鹿鼎記》中飾演小郡主沐劍屛，她戲外是個很豪
爽、很男孩子氣的人。有一次在橫店一起吃火鍋，她一高興、一
「豪爽」，喝多了，我去洗手間時把手機留在位子上，她跟其他
人說：「你們說我敢不敢把偉哥的手機扔進鍋子裡。」別人還沒
反應過來，她已經做了。

　　第二天醒來她還想不起有這事，大家都說了她才相信，跟
我千道歉萬道歉。我說沒事的，不就一部手機嘛！可是那天下
午，她就買了一部新手機放在了我辦公桌上。

　　2010年，劉芸懷孕沒幾月就去了美國待產，偶爾還會發跨
洋簡訊互相聯繫。後來我在電視上看見她上了上海的2011年春
晚，那時她生完孩子才兩個月，身材已完全恢復，祝她成爲「中
國第一辣媽」。

關於「老婆們」的片段

2006年9月28日，《同一首歌》在海寧演出，邀請張Sir帶黃曉明及七個「老婆」出演一個節目，又讓「大老婆」胡可聯合主持晚會。當天下午張Sir給「老婆」們放假半天，讓我帶她們去海寧主城區買衣服。

在車上我要求大家統一行動，她們一個比一個答應得快，可是一下車全跑散了，只「捉」住一個劉孜。傍晚好不容易把大家集中起來，等趕到演出會場，前面就剩下兩個節目了！

所謂同台演出，演員們其實很多時候只知道前一個節目和後一個節目是誰，因為他們會在候場化妝區見到對方。而隔著較遠的節目，通常演員們是沒有機會見面的。晚會整體如何只有觀眾知道，演員只知道自己的節目。

何琢言騎馬騎得很好，她還是杭州某騎馬俱樂部的代言

馬總帶部分同學去大奇山

人。她還有個「絕活」經常在飯桌上展示，就是她的舌頭可以舔到鼻尖。有一次她正在「表演」，胡可說：「我的舌頭也能舔到鼻尖。」

「真的嗎？」有人問。

胡可笑著說：「是真的，不過是別人的鼻尖。哈哈！」

胡可和劉孜都做過很多年的主持人，反應很快，學識也很淵博，跟她們聊天受益匪淺。

劉孜在《鹿鼎記》中飾演方怡，由於熬夜，臉上常長痘痘。

她自己也很無奈，說：「可能是它們（痘痘）覺得我臉上的租金便宜吧！」

2010年12月，劉孜身懷六甲時我還聯繫過她，她告訴我她因為懷孕「記憶力減退，丟三落四」。

被允許丟三落四的女人是幸福的。

小香玉

「小香玉」陳百靈來我們劇組客串過。我開車從杭州機場接她到橫店，她是個特別開朗的人，但一開始不熟，路上交流很少。

車開到義烏時周邊已是黃昏，遇紅燈我停下，她見天越來越黑，四周又沒車沒人就讓我闖紅燈，於是我照做了，等到了下一路口是綠燈我又把車停下了。

「哎，是綠燈。」她提醒我。

我說：「我哥也愛闖紅燈，我先看看他會不會碰巧橫著撞

過來。」

她忍不住哈哈大笑：「你這是在罵我呢！你這個壞小子。」

之後我們成了好朋友，她來杭州演出也一定會聯繫我。

有一回我去河南，路過鞏義縣時有人介紹說那是「香玉」的老家，我於是發簡訊給「小香玉」：「姐，我現在路過一個叫鞏義的地方。」

很快地，她回覆：「弟，那是咱奶奶家，哈哈！」

名人的無奈

我個人認為張Sir是一個心胸開闊的人。有一回，他一邊上網一邊笑，我湊過去一看，是很多線民在罵他，罵得很難聽，還捏造事實。他是邊看邊笑邊罵：「這幫王八蛋！」

還有一次記者採訪張Sir，當時正熱播《流星花園》，記者就問他怎麼看F4，他說：「什麼F4？是戰鬥機嗎？」結果網上又是罵聲一片，有的說他自以為是，有的說他嫉妒別的明星，當然還有的罵得更過分。而在私底下他並不在乎，說：「F4我還真不知道是誰，聽上去像戰鬥機。」

客串袁崇煥

張Sir常在自己的作品裡客串一些功夫高、戲分少的角色。《碧血劍》中客串的是北方盟主夢孟飛。有一場武戲要吊維亞，因為我的個子和張Sir一樣高，趙導想讓我替張Sir，可是張Sir堅持要自己上。結果一場戲下來，一個月都沒有恢復過來，每天喊

作者客串袁崇煥

手腳疼。

　　《碧血劍》中袁崇煥是個引子，只有三場戲：山海關守城，回京保衛皇上，菜市口遊街上刑場。戲少，張Sir就讓我客串。有一場戰場武戲，我要穿著七十斤重的盔甲手持大刀殺敵六、七人，為練幾個動作，武術指導教了我四、五天。還有一場騎馬的戲我很擔心，因為沿途有炸點，馬受驚後演員受傷的事劇組裡經常發生。雖然留下的照片挺英勇，其實為安全起見我安排了馬師拉著韁繩在前面跑。

　　袁崇煥被殺的那場戲是在象山影視城拍的。那時天已很冷，我穿著很薄的囚衣，囚車要行程五十公尺左右，兩邊的群眾演員要扔雞蛋、菜葉等。

　　開拍前我看到那麼多人手裡拿著東西準備著，心裡還是害怕的，於是我讓人去檢查菜和雞蛋，把青菜一葉一葉剝好，把雞

蛋也都先磕碎一個口子。

等《碧血劍》開播，我發現「英勇」的將軍戲被剪了，只有刑場的戲留著，所幸的是我還留著幾張「威武」的劇照。

其實拍戲很辛苦，大多時間不像寫得那麼好玩。

做人很重要的一點是要學會PS自己的記憶，擦去痛苦的，留下快樂的，然後放在隨手可及處，隨時可以拿起來翻翻。

小城萬安

海寧拍攝完成後，《鹿鼎記》劇組移師橫店。張Sir派我去江西萬安影視城督建「雅克薩城」。

到萬安的第二天，影視城的負責人帶我去縣裡開協調會。我原以為我只是參加，到了才發現主席臺上縣委書記身邊的位置是給我留的，臺下都是縣裡各部門的領導。

書記做完動員講話後輪到我發言，我沒準備，就說了一些展望：「……說不定若干年後，萬安就變成了繼橫店之後的第二個東方好萊塢，在大街上隨便一抬頭就能看見明星……」後來聽說領導聽了還挺高興。

等張Sir帶劇組來萬安拍攝時已是年底，整個萬安小縣城都沸騰了。周邊縣的領導和群眾也像趕集一樣蜂擁而至，當地人說萬安從來沒來過這麼多人。縣領導也很高興，迎新年的晚宴晚會也辦得熱鬧非凡。

　　《鹿鼎記》的跟組娛記比較多，黃曉明稍不留神就會被八卦。應酬特別多，也特別難安排，出去吃飯不能厚此薄彼。張Sir和我加曉明加七個「老婆」已經十人，一般都要有兩桌才行。而且叫齊七個女人是一件很麻煩的事。

主創班底在澳洲

　　2007年春節前，《鹿鼎記》拍攝完成。春節期間，張Sir帶上導演等主創，約了尤勇及幾個朋友，我們一起去澳洲。

　　先飛韓國，在首爾住一晚。飛機上很多韓國人都認識尤勇，跟他拍照合影，我問尤勇他哪部片子在韓國播過，他自己也不知道。

　　在韓國吃得不好，於是我們晚上去吃海鮮。我們還沒開口，服務員就說了：「要點啥？」東北口音很濃，打聽了才知道很多服務員都是東北人，老闆用他們就是來招呼中國遊客的。

　　在另一個店裡我們看到有一個攝製組正在拍韓劇，他們拍攝的動靜比我們小多了，設備也比我們簡單。

　　到了雪梨，發現到處都是中國遊客，遊客也會很好奇，「在國內都沒見過張紀中、尤勇，跑這麼遠反而見到了！」

　　到了黃金海岸，張Sir迫不及待租了輛車，很好的越野車，只要二十九澳幣一天，我問：「開左道你行不行啊？」

　　「相當行！」張Sir回答。

關於潛規則

　　前幾年有一段時間，大家都在議論娛樂界的「潛規則」。

　　跟隨張Sir這些年，從來沒見張Sir有這方面的問題，連一點苗頭都沒有。我敢發這樣的毒誓：如果我撒謊，一出門就被車撞死！

　　我記得張Sir就有過一次「緋聞」報導，結果「神秘女子」就是太太樊馨蔓。

　　樊馨蔓對張Sir也非常放心，她有一次開玩笑地對我說：「從前還指望你幫我看著點他，現在不用了，全國人民都幫我看著呢！」

　　全國輿論最盛的那段時間我們剛好在橫店拍戲，張Sir幾次開會都警告大家：「……天上不會掉餡餅，地上也沒有免費的午餐，每個人做了錯事都將為此付出代價。我這麼多年混下來，值得你們學習的就兩點：第一，不犯經濟錯誤；第二，不犯男女關係錯誤……」

　　當時也有報導是沖張Sir來的，我很奇怪張Sir為何不回應。

　　張Sir說：「一個人的價值是由對手決定的，我不能讓壞人因為我的回應把她自己給炒紅了，至於我，清者自清，別人愛怎麼想怎麼想。」

　　劇組的女演員也很憤慨：「好陰毒的女人啊……即使給她來演『小龍女』、『任盈盈』，她演得了嗎？現在搞得好像我們也是睡出來的一樣。」

　　當然，我相信娛樂界「色相」換「角色」這種事一定有，就像少數腐敗的官員「包二奶」一樣。

　　張Sir說過：「有陽光的地方就會有陰影，有人群的地方就會有罪惡。」

人類社會任何地方只要有「權」和「利」的存在，就有可能滋生出各種罪惡。

印象武夷山

2009年某國際機構評選「世界十大最具幸福感的地方」上，武夷山擊敗丹麥首都哥本哈根，位列第一。

我們劇組曾三次轉戰武夷山，《碧血劍》、《鹿鼎記》、《大唐遊俠傳》，對武夷山的「幸福」頗有感觸。

武夷山的主要產業是旅遊，除了無可比擬的丹霞地貌外，以「大紅袍」為首的岩茶也同樣享譽全球。

正是這兩大產業決定了當地人的生活和工作方式──休閒和吹牛。沒有什麼能比休閒和吹牛更能帶給人「幸福」的了。

武夷山的「幸福」是全民的。第一次到武夷山，市領導宴請我們，領導就用「安」「昂」不分的普通話說：「港（感）謝你們對武夷山實行「三光」（關）政策，光（關）心、光（關）愛和光（關）注……」

過了一段時間又有人來說：「我們有個護士長要見你們。」

張Sir奇怪：「我們為什麼要見護士長？」

來人說：「不是護士長，而是護（副）士（市）長。」

武夷山的商店也與別的地方不同，不論賣什麼，店裡都有一張不同的大茶桌。每個客人都可以坐下免費品茶，店主們會神采飛揚地跟你海闊天空地聊，順便會告訴你他家的茶葉或特產是最棒的。即使你喝了半天啥也沒買，店主依舊笑談如初。

如果你要買蝦皮，但又覺得貴，店主會開玩笑地對你說：「不貴的啦，我們的蝦皮是一隻一隻釣起來，壓扁扁，拗彎彎，還要上顏色，眼睛上黑色，尾巴上紅色。好麻煩才賣你這點錢，很便宜啦！」

武夷山的主要旅遊項目之一是九曲溪漂流，培訓排工最主要的不是撐竹排的技術，而是沿途跟遊客的交流技巧。

不同的排工會給你講不同的故事。

比如：我家裡有一棵酸棗樹，長的那個酸棗是相當酸，酸棗掉進河裡整條河都酸掉，河裡的魚抓起來做菜，加點糖就是糖醋魚。

又比如：上回有一對夫妻站在我的竹排上，一陣風過來把女子的裙子吹起，她來了個夢露壓裙的動作說：哎呀，差點春光外洩。老公說：那是家醜外揚。

景區有幾位「御用」的接待員，跟我很熟。儘管她們都有自己的工作，我們也常鬥嘴。《鹿鼎記》開機，她們拿著鮮花在機場接張Sir，很快照片上了新浪網。

女孩說：「好不容易上了新浪網，可是照片只有我半張臉。」

我說：「攝影師已經很努力了，可是你臉這麼寬，人家拉不到邊。」

其中最會講故事的是小「芋頭」，劇組每次到武夷山她就給我當「助理」。每週工作八天，每月32號領工資的那種助理。我經常挖苦她長得不漂亮，她也不生氣。有一回跟《鹿鼎記》七個「老婆」一起吃飯，她突然「發作」，對我喊：「爸爸，我難看是因為我長得像你！」

武夷山還有個好玩的人是攝影師何某,他在景區有一個工作室。他曾把許多國外的男女模特兒忽悠到武夷山拍裸照,做景區宣傳冊,美其名曰「天人合一」。他那位年輕漂亮的太太的裸照也赫然掛在他工作室裡。

劇組拍攝期間,景區管委會都是讓他負責宣傳工作,他對付媒體有辦法。各地媒體吃住都由他統一安排,行車也由他安排,他的要求是每人每天出一稿,並且標題上要出現「武夷山」。

劇組那些人

由於我們拍的都是古代戲,前期都要製作不少道具,古兵器、馬車等等,所以最先進組的隊伍是道具組。別的劇組流動性都很大,而我們相對穩定。

道具組的人員在我看來就是一幫沒文化的天才。比如我們組的「雕刻劉」,給他一張石獅子的圖片,告訴他2公尺高,他用中密度的泡沫一兩天就幫你做出來,之後表面貼上紙,噴上水泥漿,惟妙惟肖。

化妝組也得提前來,做各種頭套、鬍子、裝飾物。我們組的化妝師丫丫是我特別好的朋友,她是我的觀點「生活永遠高於工作」的堅定擁護者。丫丫真名楊雲,是老闆《西遊記》導演楊潔的女兒。丫丫還是一個深度「淘寶控」,所有演員在拍攝期間要買東西都找她,由她在淘寶網上買。

導演是一個劇組中最累的,沒有一天可以休息。所以在拍攝期間學會調侃就顯得很重要。比如馬在拍攝中不聽使喚,于導

就會喊：「你們跟馬講講戲啊，教牠怎麼動啊……」

午馬老師是大家都很尊敬的老前輩，他告訴我們每次看到自己演的片子，他都沒法想劇情是什麼，他想到的都是這場戲是在哪裡拍的、當時還有誰等。

有一些港臺演員普通話不太好，用普通話說臺詞沒法入戲，所以拍攝時會有很彆扭的情況，一個用普通話問，一個用粵語答。

還有個別台灣的演員看不太懂簡體中文，要求我們提供繁體的劇本。

《鹿鼎記》中演妓院老鴇的演員已經八十多歲了。那天我去機場接她，她看上去沒那麼大年紀。一路上她也很健談，不過她提到的所有人都過世了。

由於《鹿鼎記》是清朝戲，需要群眾演員剃頭。而武夷山有風俗，一般只有父親過世敬孝時才能剃光頭。一開始做動員工作挺難，後來當地人見明星個個都剃光頭，也就沒顧慮了。結果《鹿鼎記》拍完，武夷山街上處處見光頭。

《碧血劍》在武夷山拍一場難民的戲，要三百多名群眾演員，景區工作人員及家屬都來參加，興致很高還都不要錢。

拍攝時張Sir不在現場，他看了片子後對導演說：「你看看那些肥頭大耳的，哪一個像難民？」

結果重新從橫店發過來一批「難民」，戲重拍。

這才是馬雲

作　　者／陳偉
出 版 者／葉子出版股份有限公司
發 行 人／葉忠賢
總 編 輯／閻富萍
特約執編／鄭美珠
地　　址／新北市深坑區北深路三段 260 號 8 樓
電　　話／(02)8662-6826
傳　　真／(02)2664-7633
網　　址／http://www.ycrc.com.tw
 E-mail ／ service@ycrc.com.tw
印　　刷／鼎易印刷事業股份有限公司
I S B N ／978-986-6156-06-9
初版一刷／2012 年 2 月
定　　價／新台幣 250 元

總 經 銷／揚智文化事業股份有限公司
地　　址／新北市深坑區北深路三段 260 號 8 樓
電　　話／886-2-8662-6826
傳　　真／886-2-2664-7633

國家圖書館出版品預行編目（CIP）資料

這才是馬雲／陳偉著. -- 初版. -- 新北市：葉
子, 2012.02
　　面；　公分

ISBN 978-986-6156-06-9 (平裝)

1.馬雲 2.企業家 3.企業管理 4.中國

490.992　　　　　　　　　　　　101000484